金设计 II

2011中国室内设计
年度优秀公共·购物空间作品集

CHINA INTERIOR DESIGN ADWARDS 2011
GOOD DESIGN OF THE YEAR
PUBLIC SPACE · RETAIL

《金堂奖》组委会·编

中国林业出版社

年度优秀公共空间

GOOD DESIGN OF
THE YEAR PUBLIC SPACE

年度优秀购物空间

GOOD DESIGN OF
THE YEAR RETAIL

JINTANGPRIZE 金堂奖

2011 中国室内设计年度评选
CHINA INTERIOR DESIGN AWARDS 2011

GOOD DESIGN
OF THE YEAR
PUBLIC SPACE
年度优秀
公共空间

主案设计：
何华武 He Huawu
博客：
http://447031 .china-designer.com
公司：
福建国广一叶建筑装饰设计工程有限公司
职位：
设计总监

奖项：
第八届中国国际室内设计双年展(金奖)
2010 China-Designer中国室内设计年度评选(金堂奖)
2010年亚太室内设计双年展(银奖)
2010年亚洲室内设计大奖赛(铜奖)
2010年海峡两岸室内设计大奖赛(金、银奖)
2009年第七届福建室内设计大奖赛(一等奖)

2009年中国(上海)国际建筑及室内设计节金外滩奖荣获(提名奖)
项目：
万达福州、融侨旗山、福建电力大厦、莆田工艺美术城、福建迎宾馆、河南升龙、龙岩国宾馆、北京嘉泰、福州海关大楼、晋江美旗物流、融侨大酒店、海峡温泉度假酒店、湖北宜昌阳光酒店、福州大饭店、大连金鼎、河南建业、南平国宾馆、安徽九龙湾、郑州曼哈顿、上海中城、南昌阳光等。

科大永合医疗机构
Keda Yonghe Medical Institution

A 项目定位 Design Proposition

"原型"可以是神话的主题（如死亡与重生）、文学作品中的主角（如英雄与汉奸），把合适的原型与设计结合，便可以增加设计的成功性。一个设计必须考虑到原型、主题和形式。

B 环境风格 Creativity & Aesthetics

在公司的一角还设计有员工活动室，为员工们提供一个放松自我的空间，也让整个空间中"动""静"皆宜。这里的健身器材和舒适的沙发，让员工能在闲暇进行锻炼和休息。

C 空间布局 Space Planning

空间设计是一种源自于生活的设计，办公空间也不例外，因此设计元素应从生活中获取，利用各物质提炼设计元素，挖掘灵感，丰富各个领域的设计。在空间的规划上，注重人性化设计，功能分区流动性强，巧妙运用几何形元素对墙面进行装饰，极为符合后现代办公环境。在固定的建筑外框下，力求让办公场所的环境更为轻松，不拘泥于传统形式。对此特别为办公空间做出了区域的横向分割，用简洁的色彩将地面与墙面衔接在一起，同时结合当下流行的设计手法来增加同事间的亲切感。

D 设计选材 Materials & Cost Effectiveness

一个从外形，功能到空间。本案的空间设计中保留原结构的形态，采用低碳环保的材料进行局部的围合与封闭。强调空间的质朴，让工作的氛围发生转变。用医疗的故事叙说原型。

E 使用效果 Fidelity to Client

非常舒适的环境。

Project Name_
Keda Yonghe Medical Institution
Chief Designer_
He Huawu
Participate Designer_
He Haihua , Gong Zhiqiang
Location_
Fuzhou Fujian
Project Area_
560sqm
Cost_
450,000RMB

项目名称_
科大永合医疗机构
主案设计_
何华武
参与设计师_
何海华、龚志强
项目地点_
福建 福州
项目面积_
560平方米
投资金额_
45万元

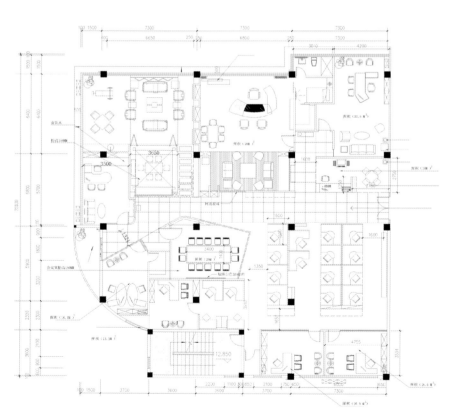

平面布置图

主案设计：
汪晖 Wang Hui
博客：
http://461736.china-designer.com
公司：
自在天装饰设计工程有限公司
职位：
创意总监

奖项：
2009年中国室内设计大奖赛文教医疗类银奖
2010年中国（上海）国际建筑及室内设计节
金外滩奖最佳公共空间优秀奖
2010年"尚高杯"商业类三等奖以及商业类
佳作奖；住宅、别墅、公寓类优秀奖
2010年"金堂奖" 2010CHINA-DESIGNER
中国年度室内设计评选年度十佳公共空间设计

作品
2010年中国室内设计周陈设艺术最高奖项晶麒麟奖
2011年中国（上海）国际建筑及室内设计节金外
滩最佳概念设计优秀奖；最佳饰品搭配优秀奖
项目：
你好漂亮、北京绣会所丽、丽兹卡尔整形美容医疗
机构、三一会所、自在天高端设计会所、自在天历年
展位等。

香奈儿的寝宫
Channel's Chambers

A 项目定位 Design Proposition
这所医院的两位女主人从事整形美容行业有数十年，在行业内有极高的声望，对顾客的悉心服务积累许多宝贵的经验，为美丽事业终身奋斗。

B 环境风格 Creativity & Aesthetics
这个小而奢侈的医院，定位香奈儿的寝宫，是因为COCO香奈儿事业发展得"如日中天"，而非常喜欢沉浸在经典的法国贵族空间，演泽着东方魅力的漆画、瓷器，16世纪的老法式沙发和现代清新的米色系融合，时髦的国际人士高品位的混搭风，当这些赋于医院时，是一次华美的转身。

C 空间布局 Space Planning
这里每日只接待两至四位贵宾，从预约时就可以私享到一切美丽的服务。入门处有挑高9米的空间，用手绘和雕刻的细节来烘托尊享的氛围，人在空间动线注重迂回，移步换景，保证客人的私密度。

D 设计选材 Materials & Cost Effectiveness
由非常有经验的专业护士永远微笑式的服务，每间诊断室配有名贵沙发和各种收藏品。

E 使用效果 Fidelity to Client
让贵宾有如在家般的感觉，享受到最受尊重和放松的服务。

Project Name_
Channel's Chambers
Chief Designer_
Wang Hui
Location_
Changsha Hunan
Project Area_
600sqm
Cost_
6,000,000RMB

项目名称_
香奈儿的寝宫
主案设计_
汪晖
项目地点_
湖南 长沙
项目面积_
600平方米
投资金额_
600万元

一层平面布置图

二层平面布置图

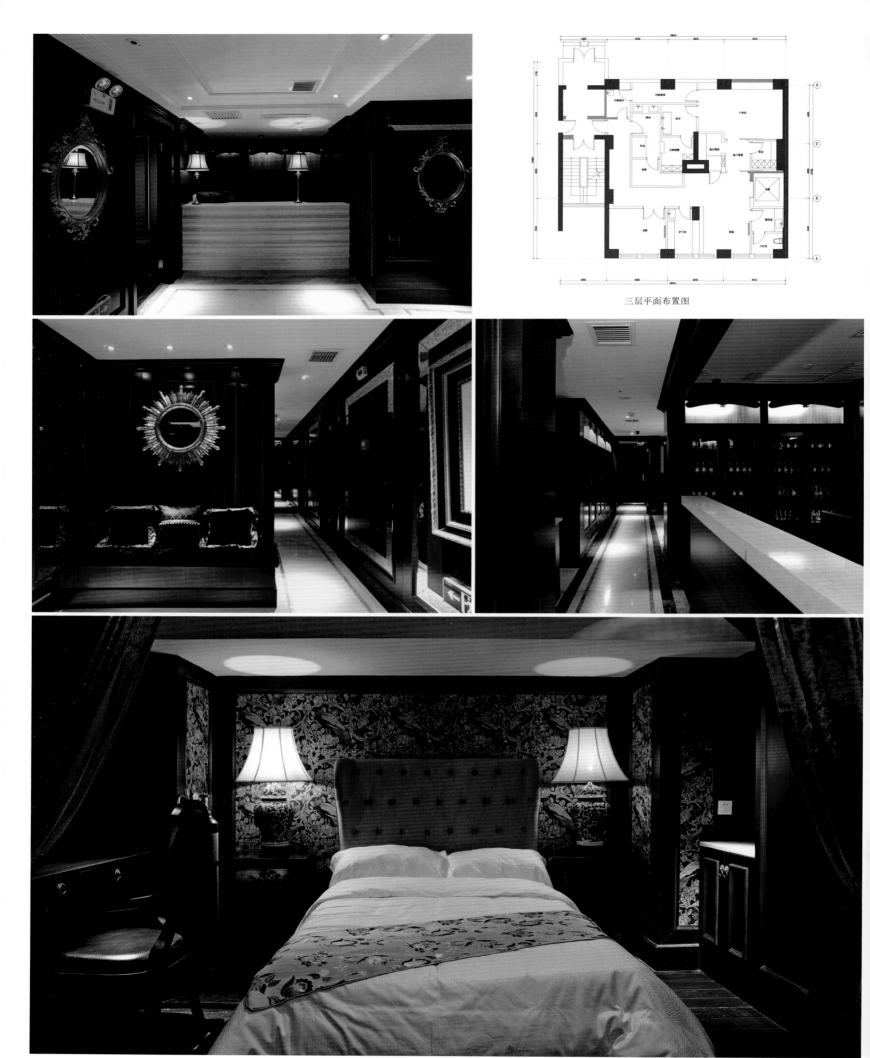

三层平面布置图

主案设计：
张灿 Zhang Can
博客：
http://472103.china-designer.com
公司：
四川创视达建筑装饰设计有限公司
职位：
设计总监

职称：
　2001-2009年度连续九年获得成都市优秀设计师称号
　2008年 "2008亚太室内设计双年大奖赛" 金奖、铜奖
　2009年2009 "照明周刊杯" 中国照明应用设计大赛成都赛区金奖，设计大赛全国总决赛会所类二等奖

　2009年获得中国建筑学会颁发的 "1989-2009中国室内设计二十年" 杰出设计师荣誉称号
项目：
　南宁国际机场贵宾休息厅、成都龙泉海川大酒店、成都棕北新世界名店、九寨沟九宫宾馆项目、西昌邛海宾馆、峨眉红珠山宾馆、中科院光电研究所、成都市儿童医院、西雅图商务楼、中国科学院光电研究所写字楼、峨眉山红珠山宾馆一号楼（五星）。

成都当代美术馆
Chengdu Modern Art Museum

A 项目定位 Design Proposition
当代艺术展览中心的设计最重要的是体现建筑空间的感受，整个空间应该尽量做到无装修的设计效果。

B 环境风格 Creativity & Aesthetics
当代艺术空间的照明设计是本案非常重要的地方。尽管材料简单单一，但是照明和光的氛围也使简单的材料渗透出强有力的魅力，不管是门厅、画廊、休息区、影视厅、贵宾接待室或者是天井部分都采用了适当的照明系统，使整个艺术馆的氛围恰到好处。

C 空间布局 Space Planning
从设计初期设计者就希望做一个没有过多装修的设计，尽量凸现建筑原本的面貌，所以在设计中运用了大量干净的线条和块面去组织整个空间，彰显建筑本身固有的空间特点，这也是成都当代艺术中心室内设计的重要特点。

D 设计选材 Materials & Cost Effectiveness
在材料的运用上选用了最简单的建筑材料。整个展览馆的地面采用水泥磨光地面，墙面采用乳胶漆和马来漆，马来漆主要运用于门厅部分和一些灰色墙面，天棚在门厅部分采用不锈钢的钢网形成灰色的面，同时空调管道也暗藏其中，风口通过钢网将风吹入大厅，形成了看不到风口和检修口的干净的面。

E 使用效果 Fidelity to Client
深受业主的欢迎。

Project Name_
Chengdu Modern Art Museum
Chief Designer_
Zhang Can
Location_
Chengdu Sichuan
Project Area_
1500sqm
Cost_
15,000,000RMB

项目名称_
成都当代美术馆
主案设计_
张灿
项目地点_
四川 成都
项目面积_
1500平方米
投资金额_
1500万元

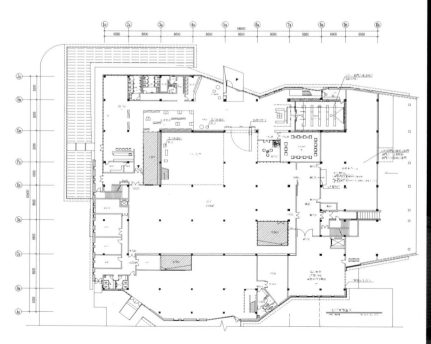

一层平面布置图

主案设计：
张灿 Zhang Can
博客：
http://472103.china-designer.com
公司：
四川创视达建筑装饰设计有限公司
职位：
设计总监

职称：
2001-2009年度连续九年获得成都市优秀设计师称号
2008年"2008亚太室内设计双年大奖赛"金奖、铜奖
2009年2009"照明周刊杯"中国照明应用设计大赛成都赛区金奖，设计大赛全国总决赛会所类二等奖

2009年获得中国建筑学会颁发的"1989-2009中国室内设计二十年"杰出设计师荣誉称号
项目：
南宁国际机场贵宾休息厅、成都龙泉海川大酒店、成都棕北新世界名店、九寨沟九宫宾馆项目、西昌邛海宾馆、峨眉红珠山宾馆、中科院光电研究所、成都市儿童医院、西雅图商务楼、中国科学院光电研究所写字楼、峨眉山红珠山宾馆一号楼（五星）。

四川省教育学院艺术教学大楼
Sichuan Normal College Arts Teaching Building

A 项目定位 Design Proposition

首先设计者选择了建筑的精神，节奏是这栋大楼最直观的体现。而如何来体现这种节奏呢？也许同样能带来节奏感的切线就是这个室内设计最适合的语言形式。

B 环境风格 Creativity & Aesthetics

于是我们将精神转化为语言，确定了切线的方式来表述建筑精神。过道、过厅、架空层以及包括绿化中花池的形态等我们都延续了切线的节奏精神，使得整个空间有里而外的传递着独有的气质。

C 空间布局 Space Planning

室内空间是建筑的延伸，不能与建筑气质相脱离。过道采用切线方式有别于传统，让过道简单的灯光照明在天棚上富有节奏的灵动转换。美术大厅的过厅、前厅也采用了切线的吊顶和富有节奏感的灯盒装饰，将这种精神进行完美的延续。

D 设计选材 Materials & Cost Effectiveness

音乐学院的演出厅是设计的重点，休息前厅天棚的灯光棒就像指挥棒一样在空中舞动，没有过多的修饰却带来了音乐的节奏。

E 使用效果 Fidelity to Client

功能是设计的最终需求，本案所有的形式表达都不能高于功能的创造和完善。

Project Name_
Sichuan Normal College Arts Teaching Building
Chief Designer_
Zhang Can
Location_
Chengdu Sichuan
Project Area_
2000sqm
Cost_
20,000,000RMB

项目名称_
四川省教育学院艺术教学大楼
主案设计_
张灿
项目地点_
四川 成都
项目面积_
2000平方米
投资金额_
2000万元

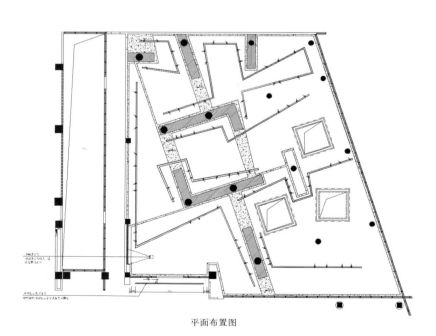

平面布置图

主案设计：
赵爽 Zhao Shuang
博客：
http:// 78910.china-designer.com
公司：
MAY艺术空间
职位：
设计师

职称：
室内建筑师
项目：
半岛花园
仙乐花园
九都公寓
绿岛家园物业管理处\业主活动中心\超市
欣安花园

世贸雅苑
龈谷苑

渔家傲——荣城人与海
Yujiaao - Rongcheng Man and the Sea

A 项目定位 Design Proposition
二层西侧和北侧部分，是一座综合性的博物馆。

B 环境风格 Creativity & Aesthetics
由于展览内容的丰富和多样性受到展厅面积的限制，在表现手法上进行了大胆的创新。

C 空间布局 Space Planning
既有传统的文物陈列形式，又融入了各种科技手段，大型场景和多媒体的综合运用在国内博物馆中独树一帜。

D 设计选材 Materials & Cost Effectiveness
综合了博物馆、展览馆、科技馆的所有表现手段。

E 使用效果 Fidelity to Client
荣城博物馆是第一个全面反映荣城地区历史演变、地质地貌、人文文化以及荣城的经济地位和政治地位设计项目。

Project Name_
Yujiaao - Rongcheng Man and the Sea
Chief Designer_
Zhao Shuang
Participate Designer_
Zhang Zhenhua , Wu Wei
Location_
Yantai Shandong
Project Area_
1260sqm
Cost_
11,000,000RMB

项目名称_
渔家傲——荣城人与海
主案设计_
赵爽
参与设计师_
张振华、吴尉
项目地点_
山东 烟台
项目面积_
1260平方米
投资金额_
1100万元

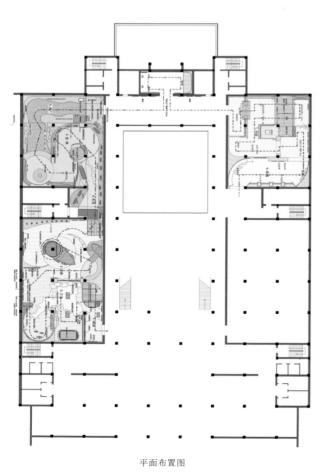

平面布置图

主案设计：
陈俊男 Chen Junnan
博客：
http://ccn.china-designer.com
公司：
上海邑方空间设计
职位：
设计总监

职称：
金堂奖•年度十佳样板房/售楼处
紫荆花漆美居行动 奇思妙想
伊莱克斯十大样板房设计师
中国(上海)国际建筑及室内设计节金外滩入围奖
第六届建筑室内设计大赛商业空间类一等奖
FERICHI杯室内精英设计师大赛优选奖

项目：
浦东仕嘉名苑杜公馆、TOWNSTEEL上海展示厅、杭州大华西溪
情江公馆、观庭王公馆、翠湖天地周公馆、君御豪庭叶公馆、BERN
长春卓展店、ENRICO COVERI（上海港汇店•北京新光店•天津远
店）、上海艾德展场、温州隆有办公室、上海艾德办公室、昆山蓝海
板房、宝成花苑谢公馆、昆山吉田国际广场任公馆、漕河景苑黄公馆
浦东汤臣豪庭李公馆、昆山吉田国际广场李公馆、中海馨园秦公馆、
网手机专卖店、徐州施华洛国际婚纱广场、香港匡湖居曾公馆等等。

史丹利东铁展场
Stanley East Rail Exhibition

A 项目定位 Design Proposition
基地为长36米宽10米的矩形空间，高度为6米，为期三天的临时性展览空间，内部需配置两家公司的展示区及体验区。

B 环境风格 Creativity & Aesthetics
外立面上运用公司形象喷片结合布帘和灯光的效果，使得整体风格以简约、大气、自然、合谐为主轴。

C 空间布局 Space Planning
空间配置上前半段配置了公司的形象喷片及多媒体墙，并设置了长6米的接待台兼吧台，将展示区及体验区放至展场的后半段并设计夹层，将洽谈区及休息区放到二楼，中间还有个挑空连结楼上楼下的空间关系，楼上的洽谈区并设置了植栽屏风，除了丰富空间中的层次外，也增加了客户的隐私性。

D 设计选材 Materials & Cost Effectiveness
利用布幔及喷片加上间接光源的衬托来加强展场的独特性及立体感。

E 使用效果 Fidelity to Client
从空间配置一直贯穿到展品陈列的细节上，使之在展览空间中能凸显出与众不同的空间气质。

Project Name_
Stanley East Rail Exhibition
Chief Designer_
Chen Junnan
Location_
Guangzhou Guangdong
Project Area_
500sqm
Cost_
400,000RMB

项目名称_
史丹利东铁展场
主案设计_
陈俊男
项目地点_
广东 广州
项目面积_
500平方米
投资金额_
40万元

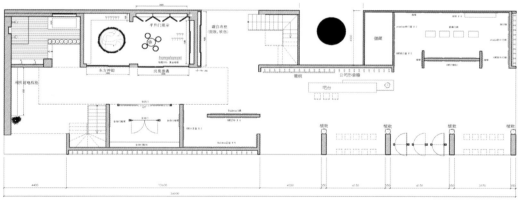

一层平面布置图

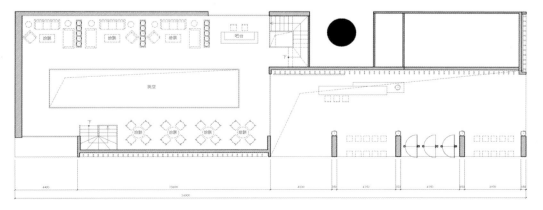

二层平面布置图

主案设计：
谢英凯 Xie Yingkai
博客：
http://158254.china-designer.com
公司：
汤物臣•肯文设计事务所
职位：
董事、设计总监

奖项：
《现代装饰》(国际) 06´室内设计年度传媒奖
《现代装饰》(国际) 06´羊城设计新势力
年度十大人物
CCD中国室内设计艺术观摩展2006年室内
设计十大新锐人物
第三届广东环境艺术设计手绘表现图大赛名
师手绘展示范作品奖

项目：
广东德庆盘龙峡天堂度假酒店、西安壹加壹私人会所、西安
清见御所、西安壹加壹私人会所、深圳龙华雅尊会所、南海锦
绣天下俱乐部、广州力美健健身俱乐部及广州伊太郎日式料理
餐饮正佳店、北京九五豪会俱乐部、西安滚石新天地KTV、北
京九五豪会俱乐部、北京蓝黛绯闻会所、深圳龙华雅尊会所、
德庆盘龙峡度假景区、2005年西安金翅鸟新视听、汤物臣•肯
文设计事务所等。

2010广州国际设计周汤物臣•肯文展位 Chimney
Inspiration Studio Design Booth

A 项目定位 Design Proposition

该项目是汤物臣•肯文设计事务所在2010年广州国际设计周的展位设计。

B 环境风格 Creativity & Aesthetics

项目围绕"低碳"、"高效"的环保主题作为设计思路，综合加工、制造、运输、循环再用等因素考虑，从而达到降低温室气体排放的效果，同时巧妙地展示公司成长历程及代表作品。

C 空间布局 Space Planning

展位的空间造型为半封闭式，由于场馆已布满充足光源，而体块主要以投影或液晶展示作品为主，为了不影响正常采光及体块内的空间流通，设计采用了"烟囱效应"结构造型，既可以解决局部采光又可以解决空气流通等问题。每个"烟囱"都赋予一个较独立的空间功能，"烟囱"与"烟囱"之间既开放又独立。

D 设计选材 Materials & Cost Effectiveness

考虑到展位只有三天的展期及使用的短暂性，设计师特别采用钢结构、复合板等可回收再利用的材料进行搭建，展区内的灯光也是低耗能的二次光源（LED灯带），既满足采光又可以营造气氛，达到"低碳节能"效果。

E 使用效果 Fidelity to Client

体块内外表面则采用环保白色涂料及彩色喷涂贴画处理，施工工艺简单，以达到环保的目的。

Project Name_
Inspiration Studio Design Booth
Chief Designer_
Xie Yingkai
Location_
Guangzhou Guangdong
Project Area_
72sqm
Cost_
1,000,000RMB

项目名称_
2010广州国际设计周汤物臣•肯文展位 Chimney
主案设计_
谢英凯
项目地点_
广东 广州
项目面积_
72平方米
投资金额_
100万元

平面布置图

主案设计：
龚小刚 Gong Xiaogang
博客：
http:// 158288.china-designer.com
公司：
北京龚氏建筑设计有限公司
职位：
董事

奖项：
2010年荣获金堂奖•2010CHINA-DESIGNER
中国室内设计年度评选年度十佳购物空间设计
2009年 "2009中国室内设计大奖赛"-首
地•大峡谷商场佳作奖
中国力源集团庆安大厦办公室佳作奖

项目：
2010年北京天雅大厦B1层室内设计
2009年中国航天城•新址北京办公楼室内设计
2009年北京泛海公寓住宅室内设计
2009年中国力源集团庆安大厦董事长办公室内设计
2008年北京首地•大峡谷商场室内设计
2008年和君咨询公司北京办公楼室内设计
2007年陕西临潼•爱琴海国际温泉酒店室内设计

北京大学英杰交流中心
Yingjie Exchange Center of Peking University

A 项目定位 Design Proposition
北京大学国际交流中心是世界各国元首及知名学者在中国大学进行演讲常去的场所之一。该场所也是北京大学工商管理、金融、EMBA、国学、人力资源等总裁、总经理的高级人才培训中心，是北大对外交流的视窗。

B 环境风格 Creativity & Aesthetics
兼容并包（蔡元培先生语录）的风格式样，选择文艺复兴、巴洛克、新古典主义等泛欧洲式样，植入东方元素，演化成新洛可可风格。

C 空间布局 Space Planning
空间布局强调一览无余的仪式感，汇聚的"核"，分散的"场域"。

D 设计选材 Materials & Cost Effectiveness
古典主义纹样和色彩的石材拼花，新古典主义的柱和柱廊，洛可可风格的天花彩绘、琥珀色花枝吊灯和紫铜树枝，现代主义的镂空水刀切割门上树形纹样交响成对历史各经典式样的演奏乐章。

E 使用效果 Fidelity to Client
得到业主非常高的满意度。

Project Name_
Yingjie Exchange Center of Peking University
Chief Designer_
Gong Xiaogang
Location_
Haidian District Beijing
Project Area_
600sqm
Cost_
3,000,000RMB

项目名称_
北京大学英杰交流中心
主案设计_
龚小刚
项目地点_
北京 海淀
项目面积_
600平方米
投资金额_
300万元

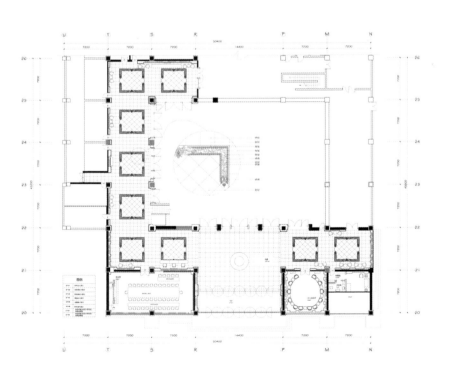

平面布置图

主案设计：
刘晓峰 Liu Xiaofeng
博客：
http://281164.china-designer.com
公司：
天津锋尚视觉传播有限公司
职位：
设计总监 展览展馆建设部经理

奖项：
2009年"照明周刊杯"中国照明应用设计大赛天津赛区三等奖
2009年"照明周刊杯"中国照明应用设计大赛 全国总决赛优秀奖
2010年金堂奖2010China-designer中国室内设计年度优秀作品奖
2011年 "照明周刊杯"中国照明应用设计

大赛北京赛区博物馆类第二名
项目：
海鸥表博物馆、天津地质博物馆
梁斌文学艺术馆
津门一串气象台路店
聚永酒吧
天津庆王府
河西公安展室

天津庆王府展室
Tianjin Qing Palace Showroom

A 项目定位 Design Proposition
天津本地现在真正意义上的王府，将王府内部风格沿用到展室内部，使内外一致，讲述了王府从无到有的历史以及王府主人在历史舞台上的叱咤风云。

B 环境风格 Creativity & Aesthetics
采用天光照明的设计理念和中西结合的设计手法。

C 空间布局 Space Planning
将4.8米标高的内部空间，营造成为二层楼效果的共享空间。

D 设计选材 Materials & Cost Effectiveness
利用多媒体手段弥补展示空间不足的缺点，将大量图文采用多媒体方式呈现给受众。

E 使用效果 Fidelity to Client
天津庆王府项目是天津重点文物修缮工程，工程受到市领导的高度重视，市长及国外知名人士多次参观，成为天津标志性历史风貌建筑。

Project Name_
Tianjin Qing Palace Showroom
Chief Designer_
Liu Xiaofeng
Location_
Heping District Tianjin
Project Area_
80sqm
Cost_
800,000RMB

项目名称_
天津庆王府展室
主案设计_
刘晓峰
项目地点_
天津 和平区
项目面积_
80平方米
投资金额_
80万元

主案设计:
汪晖 Wang Hui
博客:
http://461736.china-designer.com
公司:
自在天装饰设计工程有限公司
职位:
创意总监

奖项:
2009年中国室内设计大奖赛文教医疗类银奖
2010年中国（上海）国际建筑及室内设计节金外滩奖最佳公共空间优秀奖
2010年"尚高杯"商业类三等奖以及商业类佳作奖；住宅、别墅、公寓类优秀奖
2010年"金堂奖" 2010CHINA-DESIGNER中国年度室内设计评选年度十佳公共空间设计

作品:
2010年中国室内设计周陈设艺术最高奖项晶麒麟奖
2011年中国（上海）国际建筑及室内设计节金外滩最佳概念设计优秀奖；最佳饰品搭配优秀奖
项目:
你好漂亮、北京绣会所丽、丽兹卡尔整形美容医疗机构、三一会所、自在天高端设计会所、自在天历年展位等。

2011年夏季房交会展位
2011 Summer Housing Fair Booth

A **项目定位** Design Proposition
本次展位空间采用金谷仓软装配饰来进行搭配，整个空间散发着时尚与怀旧的味道。

B **环境风格** Creativity & Aesthetics
创意灵感来自于童年回忆的花椅子、只留下斑驳岁月痕迹的改良自行车以及带有自然气息的鸟笼、稻草融合在一个空间里，让观者在怀旧中去回味那些被遗忘的时光。

C **空间布局** Space Planning
地面设计创新地将冷酷的镜面不锈钢材质与暖色调的旧木板相结合，瞬间呈现出现在与过去的交融。

D **设计选材** Materials & Cost Effectiveness
悬挂在入口处的时尚挂钟与墙面上错落有致的黑白色调图片搭配得天衣无缝，在感受时光流逝中唤起内心深处那些被我们遗忘的记忆。

E **使用效果** Fidelity to Client
设计师选择在墙面挂上有东方文化的传统湘绣和极具现代时尚感的ibride山羊家庭托盘，这种东西方文化的融合给大家视觉上带来强烈的冲击感。

Project Name_
2011 Summer Housing Fair Booth
Chief Designer_
Wang Hui
Location_
Changsha Hunan
Project Area_
120sqm
Cost_
2,000,000RMB

项目名称_
2011年夏季房交会展位
主案设计_
汪晖
项目地点_
湖南 长沙
项目面积_
120平方米
投资金额_
200万元

主案设计:
王春添 Wang Chuntian
博客:
http://497505.china-designer.com
公司:
福州佐泽装饰工程有限公司
职位:
副总经理

奖项:
2011年福建省室内设计大赛公建工程类三等奖
2010年金堂奖年度优秀餐饮空间设计
2009年福州室内设计大赛公建方案类一等奖
2009年福州室内设计大赛公建方案类二等奖
2009年福州室内设计大赛公建工程类三等奖
2009年福州室内设计大赛家装工程类三等奖
2007年度福建省建筑装饰行业优秀青年设计师

2007年福州新锐室内设计师
项目:
西岸咖啡
韩仕苑韩国料理店
红黄蓝亲子园
月亮之上回旋餐厅

红黄蓝亲子园
RYB Learning Center

A 项目定位 Design Proposition

儿童是祖国的花朵,注重儿童的早期教育是很有必要的事业。本案将红黄蓝设计为具有特色的儿童潜能培训中心。

B 环境风格 Creativity & Aesthetics

在功能划分和空间安排上做了较好的搭配,合理利用面积,空间清楚明了。

C 空间布局 Space Planning

在色彩使用上,采用了大面积的红黄蓝,既体现了本机构"红黄蓝"的主题。同时采用红黄蓝这些明亮的色调,又符合儿童的色彩需求,有利于开发儿童的色彩感知力。

D 设计选材 Materials & Cost Effectiveness

考虑到设施的使用者是0~6岁的儿童,在各种设施,器材上采用了大量的软包。去除尖锐菱角等安全隐患。并且在灯光的应用上采用明亮的暖色调灯光和空间的整体色调融合在一起。

E 使用效果 Fidelity to Client

整个空间设计始终以开发儿童各项潜能为中心,使儿童得到更好更完善的教育效果。

Project Name_
RYB Learning Center
Chief Designer_
Wang Chuntian
Participate Designer_
Li Yunguang , Liu Qingqing
Location_
Fuzhou Fujian
Project Area_
1200sqm
Cost_
530,000RMB

项目名称_
红黄蓝亲子园
主案设计_
王春添
参与设计师_
李云光、刘清清
项目地点_
福建 福州
项目面积_
1200平方米
投资金额_
53万元

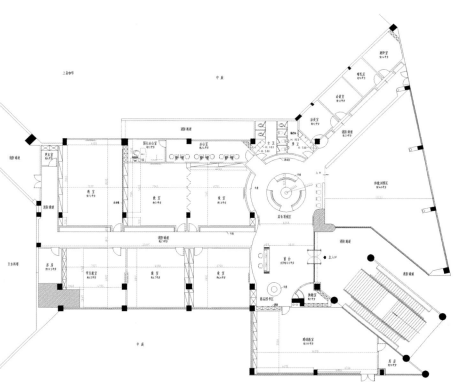

平面布置图

主案设计：
李晖 Li Hui
博客：
http://505819.china-designer.com
公司：
上海风语筑展览有限公司
职位：
设计总监

职称：
世界华人建筑师协会创始会员
《时代建筑》杂志编委
项目：
天津城市规划展览馆
杭州市规划展览馆
石家庄市规划展览馆
呼和浩特市规划展览馆

大庆市规划展览馆等

上海崇明规划展览馆
Shanghai Chongming Planning Exhibition Hall

A 项目定位 Design Proposition

运用生态花墙、树叶造型墙、湿地植物造型墙、意象森林等抽象元素以体现崇明"国际生态岛"的地域文化元素，同时运用曲线展墙、波浪造型顶等曲线的设计手法展现崇明作为西太平洋沿岸的一颗璀璨明珠。

B 环境风格 Creativity & Aesthetics

展览馆的整体设计以地域文化性、规划专业性、亲民互动科技性作为主导思想，整体设计风格现代简约，创新的运用生态花墙、树叶造型墙、湿地植物造型墙、意象森林等抽象元素作为室内装饰的造型基础；体现了崇明"国际生态岛"的地域文化元素。

C 空间布局 Space Planning

大胆采用了生态绿、科技蓝结合高雅的中性黑白灰色彩打造出生态、环保、高科技感十足的互动展示空间，而曲线展墙、波浪造型顶面等装饰设计则展现了崇明作为西太平洋沿岸的一颗璀璨明珠所迸发的蓬勃生机。

D 设计选材 Materials & Cost Effectiveness

整体设计风格现代简约，结合黑白灰色调来打造了一个现代、科技、严谨的规划展示互动空间。LED屏幕、生态植被、木色金属彩铝格栅、不锈钢、黑色烤漆玻璃等材质的使用，展现崇明高速增长的速度与活力。

E 使用效果 Fidelity to Client

试运营过程中整体空间效果得到了各界人士的充分肯定和认可。

Project Name_
Shanghai Chongming Planning Exhibition Hall
Chief Designer_
Li Hui
Participate Designer_
Li Xiangjun
Location_
Chongming District Shanghai
Project Area_
10000sqm
Cost_
50,000,000RMB

项目名称_
上海崇明规划展览馆
主案设计_
李晖
参与设计师_
李祥君
项目地点_
上海 崇明
项目面积_
10000平方米
投资金额_
5000万元

主案设计：
李晖 Li Hui
博客：
http://505819.china-designer.com
公司：
上海风语筑展览有限公司
职位：
设计总监

职称：
世界华人建筑师协会创始会员
《时代建筑》杂志编委
项目：
天津城市规划展览馆
杭州市规划展览馆
石家庄市规划展览馆
呼和浩特市规划展览馆

大庆市规划展览馆等

上海卢湾规划展览馆
Shanghai Luwan Planning Exhibition Hall

A 项目定位 Design Proposition
整个布展主题明确，重点突出，参观主线合理清晰。布展风格简洁统一，展示手段创新多样。

B 环境风格 Creativity & Aesthetics
卢湾规划馆地处南园公园内，其建筑造型体现了滨江建筑的特点，形体舒展宛如含苞待放的白玉兰；在全国众多的规划展览馆中，以其巧妙的构思、新颖独特造型以及与周围公园等绿地完美的交融。形成独具特色的一道亮丽的风景线。

C 空间布局 Space Planning
整体设计风格现代简约，作品充分利用展馆曲线交错形成的充满乐感的律动空间，结合现代创新的展陈手段，打造独具特色的现代体验式规划展示厅。

D 设计选材 Materials & Cost Effectiveness
设计大胆采用生态绿、科技蓝结合高雅的中性黑白灰来打造一个生态、环保、科技的高科技互动展示空间。设计师采用圆角异性灯箱、曲线展墙、波浪墙等曲线的设计手法与展馆的整体风格相协调。

E 使用效果 Fidelity to Client
试运营过程中，整体空间效果得到了各界人士的充分肯定和认可。

Project Name_
Shanghai Luwan Planning Exhibition Hall
Chief Designer_
Li Hui
Location_
Luwan District Shanghai
Project Area_
2500sqm
Cost_
20,000,000RMB

项目名称_
上海卢湾规划展览馆
主案设计_
李晖
项目地点_
上海 卢湾
项目面积_
2500平方米
投资金额_
2000万元

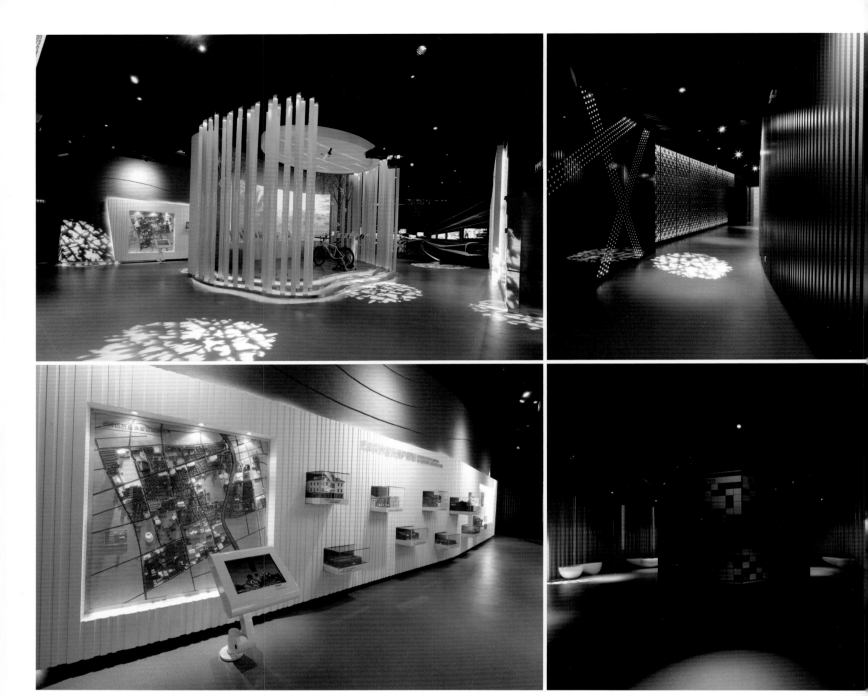

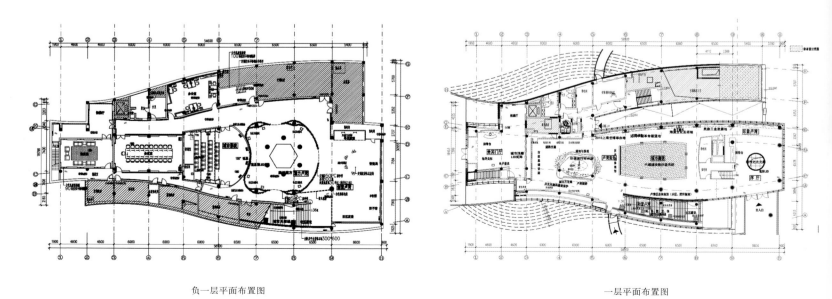

负一层平面布置图　　　　　　　　　　　　　　　　　　　一层平面布置图

主案设计：
姚康荣 Yao Kangrong
博客：
http:// 514850.china-designer.com
公司：
杭州海天环境艺术设计有限公司
职位：
设计主任

杭州党湾幼儿园
Hangzhou Dangwan Kindergarten

A 项目定位 Design Proposition

良好的幼儿活动场所使幼儿在认知、交流、行为、色彩、艺术等得到良好的熏陶与锻炼，对幼儿的成长至关重要。幼儿园是联结家庭与学校的桥梁，是儿童的乐园、儿童的家。

B 环境风格 Creativity & Aesthetics

本案具有良好的交通组织、方便的视觉识别系统。充分把握幼儿安全尺度以及色彩专业系统。

C 空间布局 Space Planning

通过对幼儿园室内外环境的塑造，达到"安全健康、功能齐全、教养融合、生态美观"的目标。

D 设计选材 Materials & Cost Effectiveness

材料选用环保耐久、保洁性能好、方便施工，降低日后管理、维修成本。塑造幼儿安全、环保、童趣的功能空间。

E 使用效果 Fidelity to Client

美观、安全的环境设施，使幼儿在玩耍和学习的同时，得到良好的熏陶与锻炼。

Project Name_
Hangzhou Dangwan Kindergarten
Chief Designer_
Yao Kangrong
Participate Designer_
Guo Zan
Location_
Hangzhou Zhejing
Project Area_
5000sqm
Cost_
3,000,000RMB

项目名称_
杭州党湾幼儿园
主案设计_
姚康荣
参与设计师_
郭赞
项目地点_
浙江 杭州
项目面积_
5000平方米
投资金额_
300万元

主案设计:
郭海兵 Guo Haibing
博客:
http:// 795810.china-designer.com
公司:
上海亿品展示设计工程有限公司
职位:
设计总监

项目:

柳州城市规划展览馆　　　　　　石嘴山市城市规划展示馆
泰州市规划展示馆　　　　　　　增城城市展示馆
赣州市城市规划展示馆　　　　　昆山城市展示馆
承德规划展览馆　　　　　　　　迁西城市规划展示馆
苏州沧浪新城规划展示馆　　　　绥芬河数字城市规划展示馆
大连长兴岛临港工业区规划展示馆　江西共青城规划展示馆
承德高新区规划展示馆　　　　　九江庐山区城市展示馆
　　　　　　　　　　　　　　　萍乡安源区规划展示馆

智奇会展中心展厅
Zhi Qi Convention Center Hall

A 项目定位 Design Proposition

设计前期设计师驻厂与员工一同体验企业设备、产品、管理、制度及文化,打造国内领先,山西第一的企业展厅。

B 环境风格 Creativity & Aesthetics

通过前期对公司的体验,设计风格在与公司整体协调的基础上加入现代感设计元素,配合为企业量身定制的中控系统、动作捕捉、红外捕捉及多点触摸等互动手段,从而增加了展厅的科技感与创新性。

C 空间布局 Space Planning

通过对企业的理解,提炼出重点区域并增加其展陈面积,动线的规划简介明了,充分表现展陈内容的基础上延长展线,其中利用借景的手段让参观人群从心里感觉到展厅空间的增大。

D 设计选材 Materials & Cost Effectiveness

展厅内墙体部分大面积使用铝板烤漆、铝板写真压弯,将常规用在吊顶的铝方通材料用于墙面,配合膜结构灯箱,给人纯净、科技之感。

E 使用效果 Fidelity to Client

展厅开放以来不仅得到业主方面的一致好评,并得到了赴馆参观的各级省市领导、各公司领导及个人的一致好评。

Project Name_
Zhi Qi Convention Center Hall
Chief Designer_
Guo Haibing
Location_
Taiyuan Shanxi
Project Area_
700sqm
Cost_
10,000,000RMB

项目名称_
智奇会展中心展厅
主案设计_
郭海兵
项目地点_
山西 太原
项目面积_
700平方米
投资金额_
1000万元

技术与设备
TECHNOLOGY AND EQUIPMENT
先进工艺，成就卓越品质
EXCELLENT QUALITY COMES FROM STATE-OF-THE-ART TECHNOLOGY

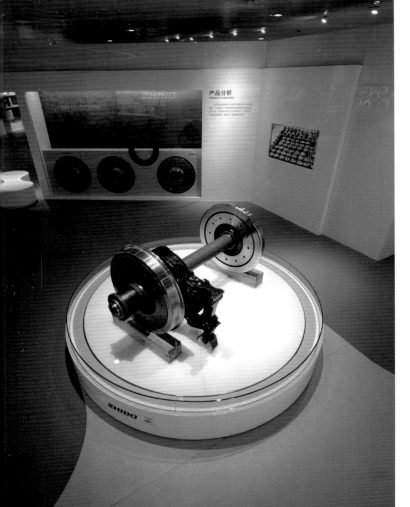

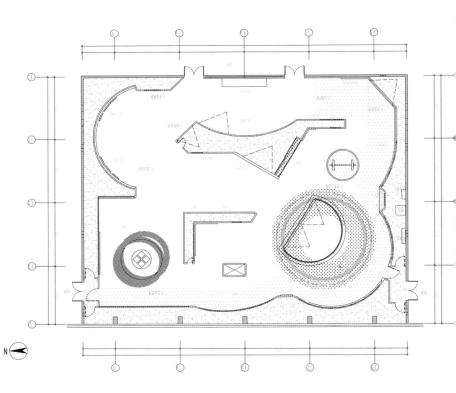

平面布置图

质量管理
QUALITY MANAGEMENT

控制目标
CONTROL OBJECYIVE

轮对废品率≤1.5%
一次轮检合格率≥96%
一次交验合格率≥97%
客户满意度≥96%

质量保障体系建设
QUALITY ASSURANCE SYSTEM CONSTRUCTION

公司视质量为生命，通过并严格按照RIS（国际轨道交通工业标准），ISO9001质量管理体系要求，建立了适合公司的，系统全面的质量管理体系，同时，强化了原材料入厂检验，落实执行"三检一验"制度，加强检测设备管理，强化质量意识和质量管理人才的培养，确保了公司质量管理的充分、有效。

PRODUCT QUALITY CONTROL WORK FLOM >>

动车轮对
MOTOR WHEEL SET

拖车轮
TRAILER WHE

发展历程
DEVELOPMENT HISTORY

高铁发展简史
HIGH-SPEED RAILWAY DEVELOPMENT HISTORY

第一次浪潮：1964年至1990年
FIRST WAVE

第二次浪潮：1990年至90年代中期
SECOND WAVE, FROM TIME TO MID-1990S

第三次浪潮：从90年代中期至今
THIRD WAVE, FROM MID-1990S TO NOW

企业成就
ENTERPRISE ACHIEVEMENT

技术与设备

主案设计：
李敏堃 Li Minkun
博客：
http:// 807312.china-designer.com
公司：
尚美设计装饰有限公司
职位：
总设计师

职称：
中国高级室内设计师
首届清华大学建筑工程与设计高级研修班
中国室内装饰协会会员
中国建筑装饰协会会员
中国建筑学会室内设计分会委员
广州市尚美设计装饰有限公司总设计师

项目：
赋室内空间以精神
行云流水之尚美家居
东方古朴
天人合一
纯粹
古今缘
在水中央、归恬雅筑

尚美SHOWROOM
Showroom

A 项目定位 Design Proposition
业主同时也作为本案的设计师，追求简约的时尚设计。时尚、简约的展示空间可供相关人士参观、交流。

B 环境风格 Creativity & Aesthetics
充分利用自然光线与室内外景观相映成趣，空间流动、空灵写意的艺术气息表露无遗。

C 空间布局 Space Planning
在本案的室内设计中，在空间的界面、框架和框架之间，运用大量留白的空间。将明式家具、水墨、彩墨、陶艺、当代设计运用在室内的各个空间和场景中，空旷而不失时尚、大气。

D 设计选材 Materials & Cost Effectiveness
用温润的原木及纹理丰富的洞石构筑简约、时尚的展示空间。

E 使用效果 Fidelity to Client
整个空间唯美的线条简约而不简单，具有构成之美。

Project Name_
Showroom
Chief Designer_
Li Minkun
Location_
Guangzhou Guangdong
Project Area_
200sqm
Cost_
1,000,000RMB

项目名称_
尚美SHOWROOM
主案设计_
李敏堃
项目地点_
广东 广州
项目面积_
200平方米
投资金额_
100万元

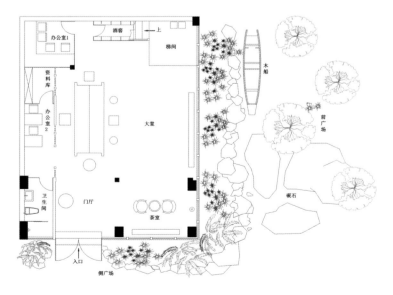

一层平面布置图

主案设计：
胡崴 Hu Wei
博客：
http://816647.china-designer.com
公司：
深圳市创域设计有限公司
职位：
设计总监

奖项：
　2005年中国室内设计大奖赛优秀奖；2005
华南区第五届"嘉俊杯"室内设计大赛优秀
奖；2005年华耐杯中国室内设计大奖赛优秀作
品奖；2005第二届海峡二岸四地室内设计大奖
赛优秀作品奖；2005年荣膺"深圳优秀室内设
计师"殊荣；荣获2004年"博洛尼杯"中国室
内设计手绘表现图大赛佳作奖等。

项目：
　沈阳万豪大酒店、烟台东山宾馆、武汉希尔顿大酒
店、徐州国税总统楼、大连海上乐园酒店、新疆库尔勒
金叶大酒店、湖南芙蓉数码信息港康年酒店、西安富凯
酒店、北京花园酒店、深圳飞亚达手表专卖店、深圳
君安首饰专卖店；广州美越音响（中国）有限公司写字
楼、深圳友谊城外墙改造（二至五层）、大连青林云海会
所、苏州工业园湖佐岸会所、深圳保俐城花园别墅等。

广州美莱整容医院
Guangzhou Meilai Plastic Surgery Hospital

A 项目定位 Design Proposition

走在前面的城市，需要很丰富的价值功能体系来支撑。同样一个美容医院，会给城市带来不一样的形象，医院的规模，走向都给广州医院一个新的定位和参考。

B 环境风格 Creativity & Aesthetics

医院新古典的线条美和女性的魅力达到一致。

C 空间布局 Space Planning

医院采用流线型的布局方式，把办公区域和公共区域分开，达到以人为主的设计目的。

D 设计选材 Materials & Cost Effectiveness

把美莱logo的美人鱼和大堂结合起来，让人在空间的感受到美的魅力，弧线的灯光和墙体，让整个空间充满女性形态的弧线美。

E 使用效果 Fidelity to Client

各方面对医院有充分的肯定和积极的赞誉。

Project Name_
Guangzhou Meilai Plastic Surgery Hospital
Chief Designer_
Hu Wei
Participate Designer_
Wu Yishuang
Location_
Guangzhou Guangdong
Project Area_
12000sqm
Cost_
30,000,000RMB

项目名称_
广州美莱整容医院
主案设计_
胡崴
参与设计师_
吴毅双
项目地点_
广东 广州
项目面积_
12000平方米
投资金额_
3000万元

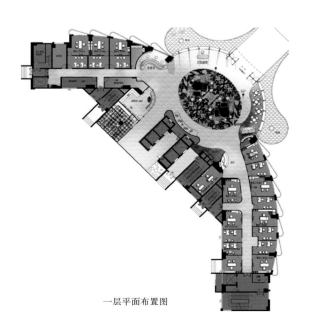

一层平面布置图

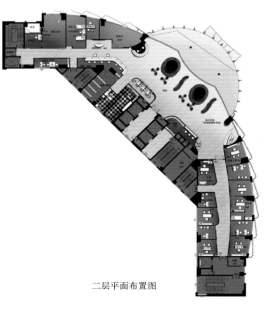

二层平面布置图

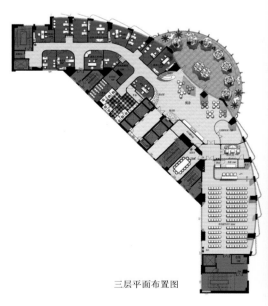

三层平面布置图

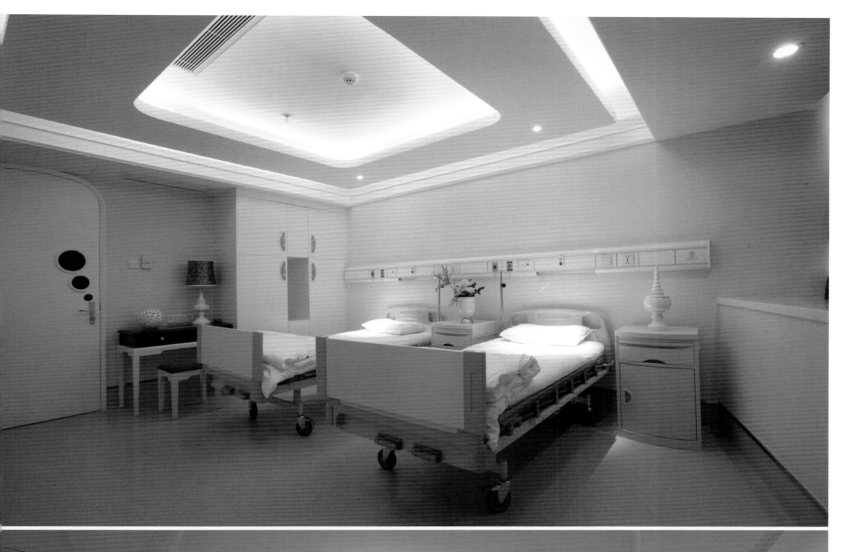

主案设计:
祁斌 Qi Bin
博客:
http://817889.china-designer.com
公司:
清华大学建筑设计研究院有限公司
职位:
副总建筑师

奖项:
　获中国建筑学会建国60周年建筑创作大奖2项，中国建筑学会建筑创作奖优秀奖3项，第二届"全球华人青年建筑师奖"，第五届中国建筑学会青年建筑师奖获得者。
项目:
北京海淀社区中心
2008奥运会北京射击馆

2008奥运会飞碟靶场
北京奥林匹克中心区下沉花园2#院
徐州水下兵马俑博物馆及汉文化艺术馆
徐州音乐厅
徐州美术馆
李可染艺术馆
徐州南湖水街

徐州音乐厅
Xuzhou Music Hall

A 项目定位 Design Proposition
融合徐州山水城市景观，象征城市精神。以徐州市花——紫薇花为建筑创作原型，建筑形态阿娜轻盈，宛若镶嵌在玉龙湖中一朵瑰丽的奇葩。

B 环境风格 Creativity & Aesthetics
室内空间是建筑不可分割的一部分，而不是装饰性的附加元素，必须尊重地回应主题建筑的设计概念，特别是具有文化属性、特性的建筑。

C 空间布局 Space Planning
从花瓣自然绽放的曲线与褶皱中提炼由花中心向外生长力的轨迹，将这种曲折优美的曲线剧与音乐厅内部功能相结合。

D 设计选材 Materials & Cost Effectiveness
由中心向外延伸的不规则面既满足声学的功能要求，又叙述着音乐内在美感，看似无规则的折面蕴含如乐章般的秩序。

E 使用效果 Fidelity to Client
得到业主非常高的评价。

Project Name_
Xuzhou Music Hall
Chief Designer_
Qi Bin
Participate Designer_
Cheng Gang , Yang Weiqin , Nie Hongtao , Tan He ,
Peng Huangji , Sun Fen , Cao Wenqing , Zhao Xinlin
Location_
Xuzhou Jiangsu
Project Area_
11000sqm
Cost_
23,000,000RMB

项目名称_
徐州音乐厅
主案设计_
祁斌
参与设计师_
程刚、杨伟勤、聂洪涛、谭詠、
彭黄姬、孙锋、曹文卿、赵新琳
项目地点_
江苏 徐州
项目面积_
11000平方米
投资金额_
2300万元

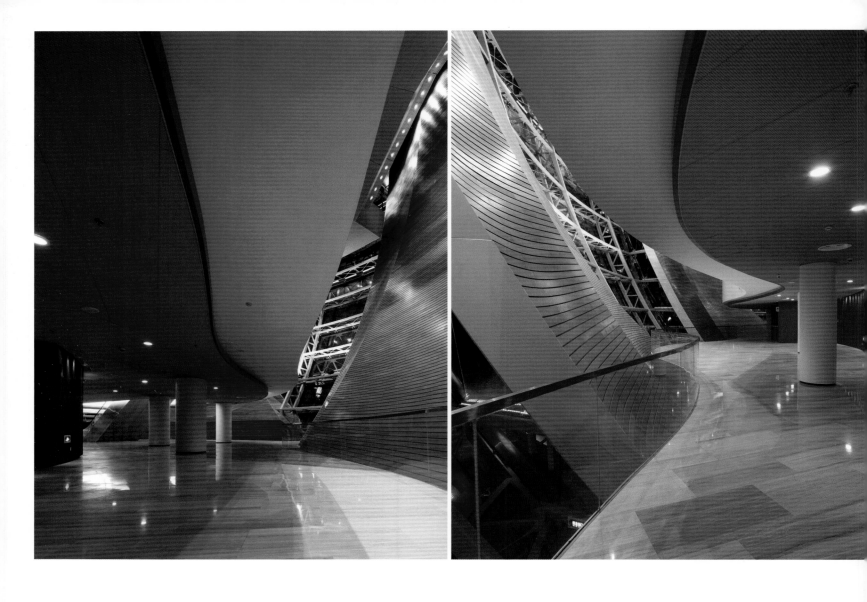

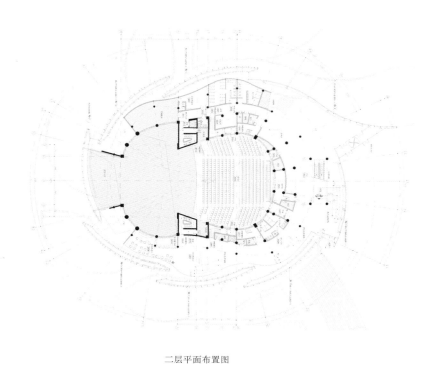

二层平面布置图

三层平面布置图

主案设计：
吴矛矛 Wu Maomao
博客：
http://820317.china-designer.com
公司：
中外建工程设计与顾问有限公司
职位：
设计总监

职称：
国际认证注册-高级室内设计师
IFDA国际室内装饰设计协会中国分会常务理事
CIID中国建筑学会室内设计分会资深会员
IFI国际室内设计师建筑师联盟会员
北京市建筑工程学院建筑学学士
2003年被建设部中国建筑装饰协会评选为有成
就的36位青年室内建筑师

项目：
昆明海埂会议中心别墅型酒店、北京密云水世界度假酒店、常
熟中江皇冠假日酒店、沈阳皇冠假日酒店、北京太阳中心博道俱
乐部、北京一栋洋房会所、北京丽高王府私人会所、北京东方君
悦酒店都市名人会所、北京华懋丽思卡尔顿酒店大卫杜夫会所、
中国人寿保险集团总部、宾利北京总部、清华同方科技会展中
心、北京昆泰国际中心、国家开发银行深圳分行、北京百富国际
大厦、奥运会组委会办公楼、北京英皇钟表珠宝系列店等。

ume 国际影院富力城店
UME International Cinema(R & F City)

A 项目定位 Design Proposition

定位于豪华酒店风格的五星级院线系列，非常注重公共厅堂的功能布局和空间风格。

B 环境风格 Creativity & Aesthetics

本案的特色还在于高大而华丽的过渡空间和走廊。设计中充分利用了层高优势，以高大的走廊连接各个功能单元，结合影城所特有的材质和灯光效果，形成了既琳琅满目又神秘虚幻的奇特效果。

C 空间布局 Space Planning

各厅装潢风格独具匠心，追求时尚不避奢华。创造一个功能合理、简洁明快、环境优美的高档次国际化现代影城。

D 设计选材 Materials & Cost Effectiveness

影厅是非常功能化的空间，起坡高程、银幕规格、放映角度甚至饰面材料都有严格的规定。在合理平衡造价的前提下，将十个影厅都给予风格和细节上地处理，影城的设计主题在各个空间得到体现和丰富，形成了完整的风格。

E 使用效果 Fidelity to Client

UME国际影城富力城完全按国际上最先进的视听技术和装璜设计，定位在五星级档次，瞄准了京城高中档消费层的娱乐要求，同时也锁定了在京外国人的消费群体。

Project Name_
UME International Cinema(R & F City)
Chief Designer_
Wu Maomao
Location_
Chaoyang District Beijing
Project Area_
6000sqm
Cost_
1,000,000RMB

项目名称_
ume 国际影院富力城店
主案设计_
吴矛矛
项目地点_
北京 朝阳
项目面积_
6000平方米
投资金额_
100万元

主案设计：
陈广暄 Chen Guangxuan
博客：
http://821165.china-designer.com
公司：
南京广宣工程设计顾问有限公司
职位：
总经理

项目：		"首座"会所	中山高尔夫会所
南京新世纪大酒店		奥杰BMB音乐酒吧	国泉茶社
鼓楼邮政大楼		名湖美景大酒店及其扩建	国中泉会所
新街口百货大楼		天狮百盛大酒店河西分店	利苑会餐饮
扬州新世纪大酒店		黄山高尔夫大酒店改造	仁恒国际公寓
"6号名所"桑拿会所		86°餐饮	昆山玉山圣境样板间
香港"PARTY TIMES"时代KTV		滨江花园酒店	新华日报快报办公
半岛温泉会所		优歌美地KTV	黄山休闲中心桑拿•KTV

南京诸子艺术馆
Nanjing Zhuzi Art Museum

A 项目定位 Design Proposition

南京诸子艺术馆是一家致力于推广吴地文化的私人艺术馆。"诸子"意为多元，有种"海纳百川、兼容并蓄"的追求在其中。粉墙青砖、漏窗回廊。

B 环境风格 Creativity & Aesthetics

好一派明清园林的特征，在喧嚣城市中拓出一片宁静致远来。

C 空间布局 Space Planning

设计师在向人们表达一种期许：本着一个安静的心才能够抵达艺术的最本质。

D 设计选材 Materials & Cost Effectiveness

设计师为会馆选用了具有明清特征的红木家具，旨在避免会馆与展馆脱节，然而却摒弃了一切复杂的元素，以一幅干练的形态呈现。

E 使用效果 Fidelity to Client

艺术馆创造出了一个纯净的空间，其中的艺术品和红木家具散发各自的艺术气息，它们之间相互包容与融洽，一如窃窃私语般。

Project Name_
Nanjing Zhuzi Art Museum
Chief Designer_
Chen Guangxuan
Participate Designer_
Ma Jun , Yao Cuiping , Que Liqin , Xu Yan
Location_
Nanjing Jiangsu
Project Area_
1335sqm
Cost_
8,000,000RMB

项目名称_
南京诸子艺术馆
主案设计_
陈广暄
参与设计师_
马珺、姚翠平、阙丽琴、徐艳
项目地点_
江苏 南京
项目面积_
1335平方米
投资金额_
800万元

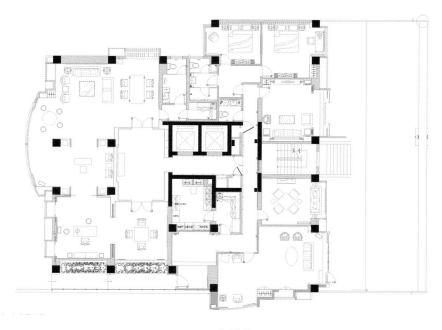

平面布置图

主案设计：
李青 Li Qing
博客：
http://821217.china-designer.com
公司：
成都景山设计有限公司
职位：
首席设计师

职称：
高级室内建筑师
项目：
置信国色天乡主客服中心及其它11场馆
文殊坊古玉博物馆
文殊坊汉陶博物馆
文殊坊成都会馆
置信M3体验中心

双流君府地产优禾售楼部
鹏城地产公园西售楼部
置信非遗公园招商中心
重庆秀山花灯博物馆
蓝顶艺术中心会所

蓝顶艺术会所
Blue Roof Art Club

A 项目定位 Design Proposition
以创造性的设计理念为先导，以先进的科学技术为支撑，注重艺术性、原创性及文化内涵的表达，打造艺术家心目中的艺术会所。

B 环境风格 Creativity & Aesthetics
艺术会所重点突出当代性、艺术性、田园性、本土性。结合周围环境与当代材料与构图，形成自由的当代语言。

C 空间布局 Space Planning
按功能需求划分出大小不同的方正块、面，结合原建筑结构空间组织，内部保持结构简明，方正实用的纯净空间。

D 设计选材 Materials & Cost Effectiveness
以天然环保的当地民间材料进行创新运用。

E 使用效果 Fidelity to Client
得到业主方及广大艺术家的好评。

Project Name_
Blue Roof Art Club
Chief Designer_
Li Qing
Participate Designer_
Yang Chao
Location_
Chendu Sichuan
Project Area_
1100sqm
Cost_
6,500,000RMB

项目名称_
蓝顶艺术会所
主案设计_
李青
参与设计师_
杨超
项目地点_
四川 成都
项目面积_
1100平方米
投资金额_
650万元

一层平面布置图

二层平面布置图

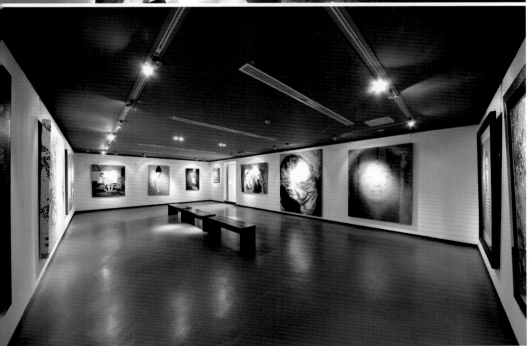
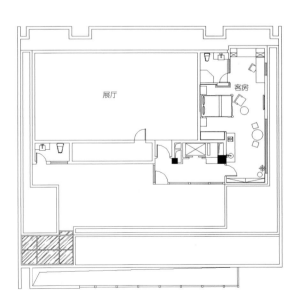

三层平面布置图

主案设计：
王良斌 Wang Liangbin
博客：
http://468252.china-designer.com
公司：
王良斌室内设计工作室
职位：
设计师

郴州博物馆
Chenzhou Museum

A 项目定位 Design Proposition

"郴"意为"林中之邑"。"北瞻衡岳之秀，南直五岭之冲"，自古以来是岭南通往中原的咽喉之地。在博物馆设计中，设计不仅取决于展览的主题和内容，更取决于如何将这些内容有效地传递给观众。而通过文物的展示将展览的主题展现给观众，通过深入展示郴州地区的民生，以民众的生产、生活为主兼及为民众生活息息相关的文化、艺术和宗教让观众了解郴州的历史。

B 环境风格 Creativity & Aesthetics

体现湘西南建筑文化特点，将地域文化融入室内装饰设计。使观众在参观文物的同时体验地域文化的底蕴。

C 空间布局 Space Planning

博物馆位于郴州文化中心的四楼，从空间上起到文化链接的延续，在博物馆的三个空间中将一个环形空间进行时序上的联系，让参观者在变化的空间中完成历史的阅读。

D 设计选材 Materials & Cost Effectiveness

利用当地原生态材质，做到低碳环保。

E 使用效果 Fidelity to Client

彰显郴州的地域文化特点，获得业主单位和观众好评。

Project Name_
Chenzhou Museum
Chief Designer_
Wang Liangbin
Location_
Chenzhou Hunan
Project Area_
1500sqm
Cost_
3,500,000RMB

项目名称_
郴州博物馆
主案设计_
王良斌
项目地点_
湖南 郴州
项目面积_
1500平方米
投资金额_
350万元

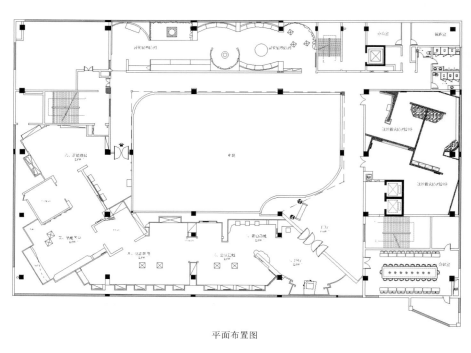

平面布置图

主案设计：
陈轩明 Chen Xuanming
博客：
http://822406.china-designer.com
公司：
DPWT Design Ltd
职位：
董事

奖项：
筑巢奖2010中国国际空间环境艺术设计大赛
三等奖
亚太室内设计双年大奖赛入围
First Round- Hong Kong Contemporary
Art Biennale（2009）
亚太室内设计大奖十名入围商业类
灯饰设计大赛第一名 香港（2008）

项目：
北京首都时代广场地铁通道
香港嘉禾青衣电影城
香港嘉禾荃新电影城
美丽华酒店办公室
维健牙医诊所
深圳嘉里物流

嘉禾荃新天地电影城
Jiahequan Plaza Cinema

A 项目定位 Design Proposition

电影院所处的位置，坐落于居民聚居区，毗邻大型购物广场。因此荃新电影院的定位是为周边的居民而服务，在设计风格上简单而不单调，注重舒适，满足了普通市民休闲娱乐的需要。

B 环境风格 Creativity & Aesthetics

电影院的等候区别具一格，特大屏幕，多彩的沙发，以及特色的主题墙，构成了一个舒服的小天地。观众在等候的时候，可以在此处玩游戏，看相关的书籍，活泼的颜色，贴心的服务，让等待的时间也变得生动起来。

C 空间布局 Space Planning

电影厅采用了隔音板，每个电影厅的颜色都不同，5个厅分别为红、橙、蓝、绿、紫，相信每个人在此的感受都不同，但不可否认，多彩的影院放松了人们的神经，成为休闲娱乐的最佳选择。

D 设计选材 Materials & Cost Effectiveness

选择超白地砖，手刷漆，喷漆玻璃，人造石，吊灯，马赛克，作为材料。

E 使用效果 Fidelity to Client

投入使用后效果很理想。

Project Name_
Jiahequan Plaza Cinema
Chief Designer_
Chen Xuanming
Participate Designer_
Wu Yongli , Chen Bin , Wu Aixian
Location_
Jiulongcheng District Hongkong
Project Area_
1440sqm
Cost_
1,630,000RMB

项目名称_
嘉禾荃新天地电影城
主案设计_
陈轩明
参与设计师_
吴永利、陈斌、伍蔼贤
项目地点_
香港 九龙城
项目面积_
1440平方米
投资金额_
163万元

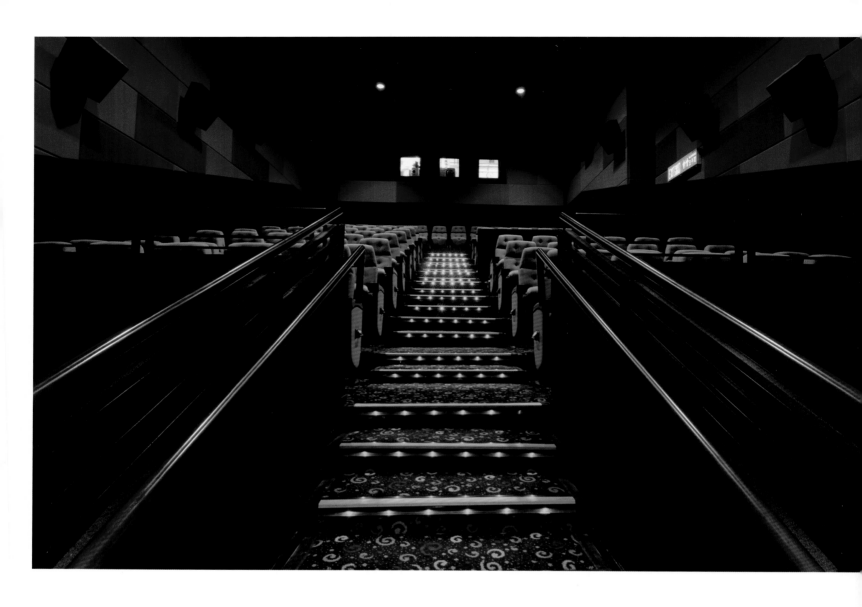

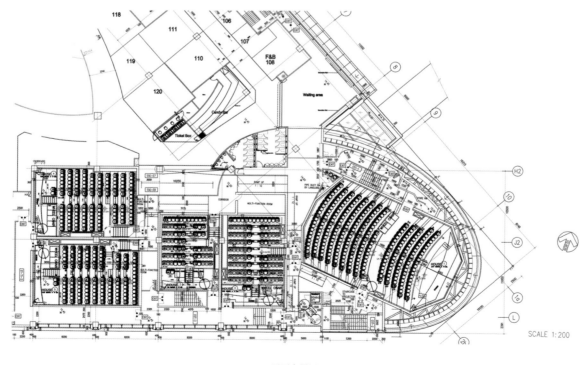

平面布置图

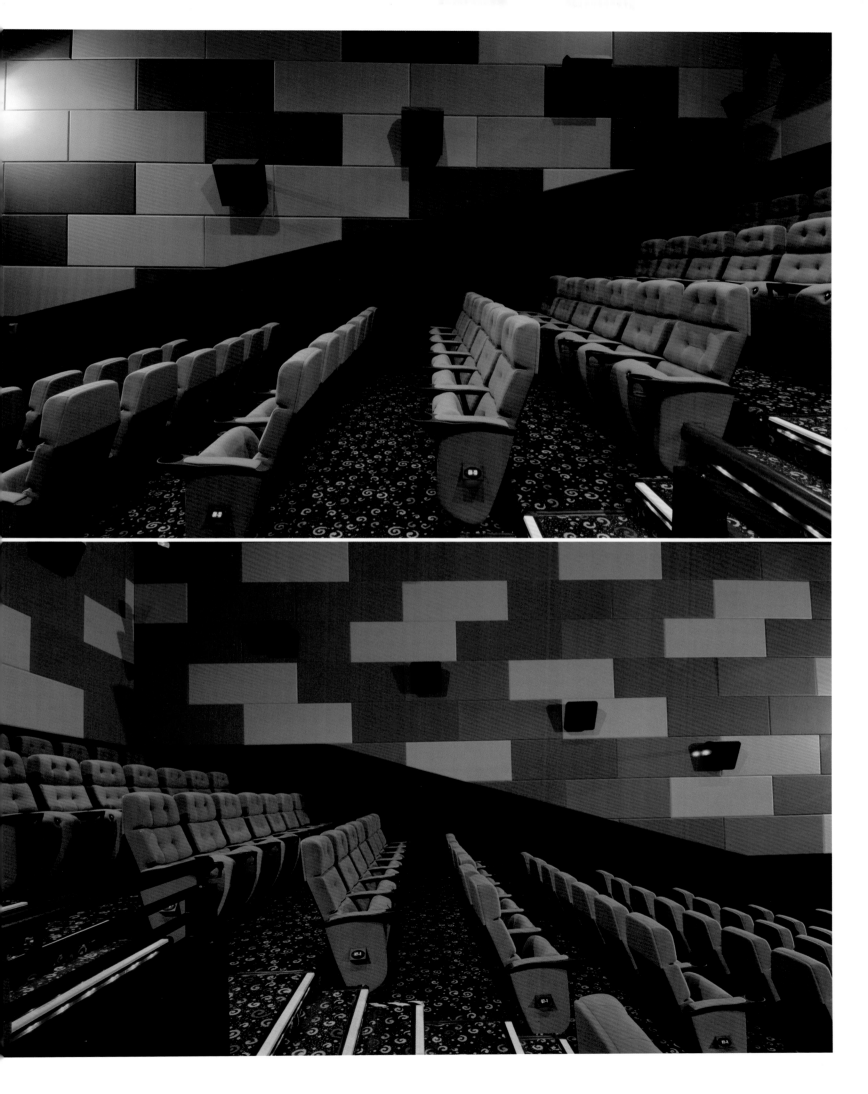

主案设计：
王建宁 Wang Jianning
博客：
http:// 823351.china-designer.com
公司：
逸品堂文化发展有限公司
职位：
设计总监

齐鲁书画研究院学术交流中心
Qilu Painting and Calligraphy Institute Academic Exchange Center

A 项目定位 Design Proposition
学术交流为目的具有作品展示的功能。

B 环境风格 Creativity & Aesthetics
设计师在设计过程中铭记这是一个以书画作品为主体的空间，注重使用功能，如何做一个具有包容性的个性空间在这个项目上得到很好的诠释。

C 空间布局 Space Planning
空间布局巧妙，注重空间处理，起承转合相得益彰。原本两层的空间通过处理变为三层。

D 设计选材 Materials & Cost Effectiveness
欧洲松木,铁板,乳胶漆,材料简单明了。

E 使用效果 Fidelity to Client
经营效果非常理想。

Project Name_
Qilu Painting And Calligraphy Institute Academic Exchange Center
Chief Designer_
Wang Jianning
Location_
Jinan Shandong
Project Area_
500sqm
Cost_
500,000RMB

项目名称_
齐鲁书画研究院学术交流中心
主案设计_
王建宁
项目地点_
山东 济南
项目面积_
500平方米
投资金额_
50万元

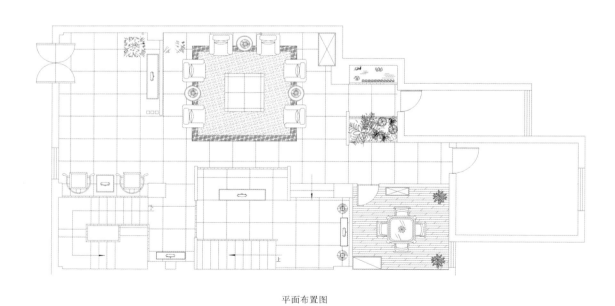

平面布置图

主案设计：
李鹏熙 Li Pengxi
博客：
http:// 807290.china-designer.com
公司：
广州三木鱼展览策划有限公司
职位：
设计师

无限极会议中心
Unlimited Convention Center

A **项目定位** Design Proposition
以建筑物的气度，回应大型会议的要求。

B **环境风格** Creativity & Aesthetics
建筑就是室内，室内就是建筑。

C **空间布局** Space Planning
建筑标高平面丰富，构成了室内的味道。

D **设计选材** Materials & Cost Effectiveness
美学、声学、环保的综合决策。

E **使用效果** Fidelity to Client
当地大型会议首选场所。

Project Name_
Unlimited Convention Center
Chief Designer_
Li Pengxi
Location_
Jiangmen Guangdong
Project Area_
8800sqm
Cost_
80,000,000RMB

项目名称_
无限极会议中心
主案设计_
李鹏熙
项目地点_
广东 江门
项目面积_
8800平方米
投资金额_
8000万元

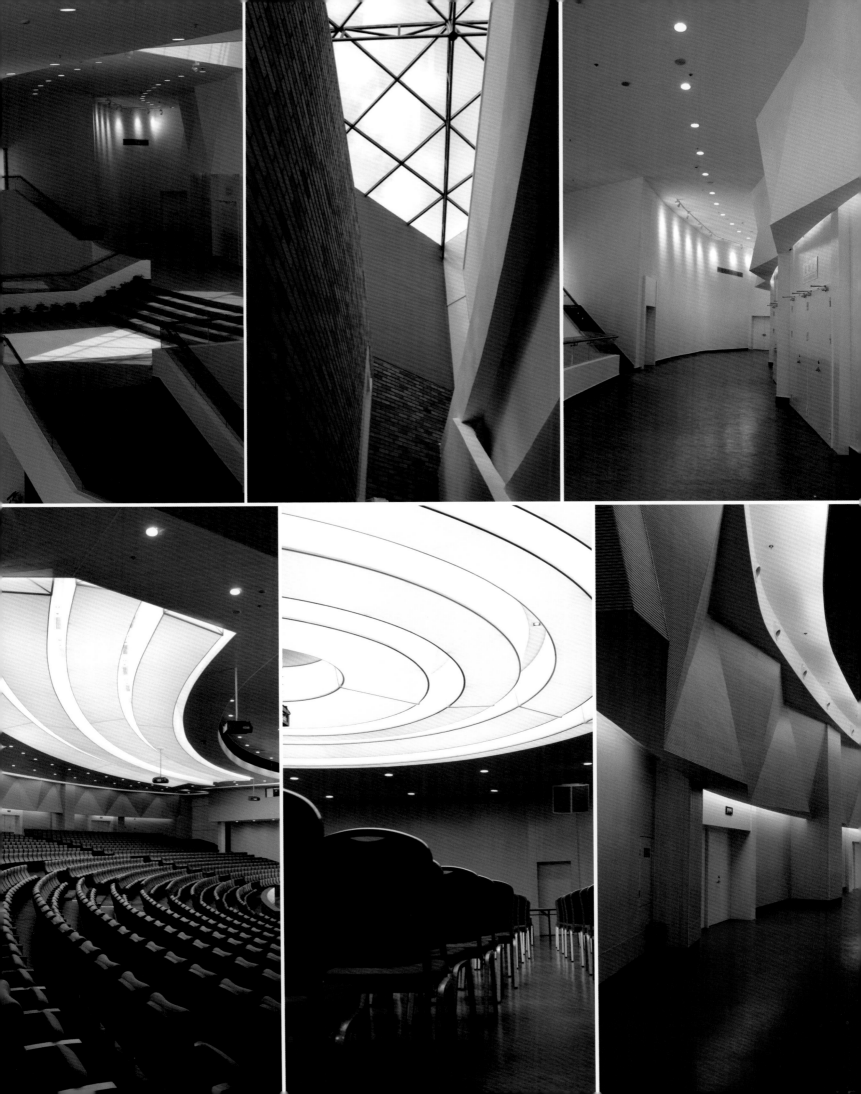

主案设计：
王崇明 Wang Chongming
博客：
http://67470.china-designer.com
公司：
杭州御王建筑装饰工程有限公司
职位：
董事、设计总监

中国建筑学会室内设计分会/最佳室内设计师
项目：
两岸咖啡/两岸铁板烧
品尚豆捞
雅尚豆捞坊
MYRUIE时尚料理餐厅
天目辉煌温泉度假酒店
井冈天园温泉度假酒店

杭州汽车北站小商品市场外立面改造
乌海银行总部大厦整体改造设计
乌海银行鄂尔多斯总行整体设计
翔隆专利事务所办公楼
西溪国家湿地公园
游客服务中心
毛戈平MGPIN化妆品股份公司、总部大楼

西溪国家湿地公园游客服务中心
Tourist Center of Xixi National Wetlands Park

A 项目定位 Design Proposition
项目定位为全国首个5A级国家湿地公园游客服务中心。

B 环境风格 Creativity & Aesthetics
在设计中以"四季斑斓、原始自然"为主题，围绕西溪湿地"梵、隐、俗、闲、野"五大主题湿地文化要素，根据西溪湿地"南隐、北俗、东闹、西静"的特征展开游客服务中心的室内设计延伸。以西溪文化与现代设计手法相结合，地面采用灰色花岗岩做抛光与火烧处理，来体现"梵、闲"。吊顶采用原木做旧檫色，墙面采用硅藻泥等让游客感受亲近自然的"俗"，毛石饰面的接待台、背景墙后别有洞天的设计来营造"野、隐"的味道和空间。

C 空间布局 Space Planning
整个项目的设计亮点是加建在中庭上面一个结构奇特的阳光玻璃顶，玻璃顶的加建设计旨在满足国家5A级指标的同时也为室内增加一个视觉的焦点。

D 设计选材 Materials & Cost Effectiveness
总体设计以西溪文化为出发点，考虑到西溪湿地的特殊环境，游客服务中心顶面全部采用原木板，墙面用硅藻泥来避免西溪湿地多水、潮气、湿气较大带来的霉变危害。

E 使用效果 Fidelity to Client
项目竣工后得到杭州市政府、西湖区等相关领导及西溪综合指挥部领导的肯定和赞赏。

Project Name_
Tourist Center of Xixi National Wetlands Park
Chief Designer_
Wang Chongming
Participate Designer_
He Qiaoyan
Location_
Hangzhou Zhejiang
Project Area_
1180sqm
Cost_
3,900,000RMB

项目名称_
西溪国家湿地公园游客服务中心
主案设计_
王崇明
参与设计师_
何巧艳
项目地点_
浙江 杭州
项目面积_
1180平方米
投资金额_
390万元

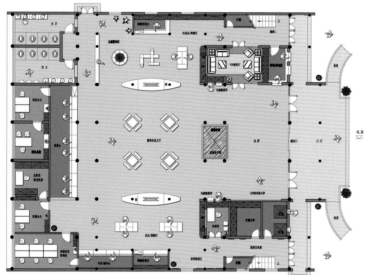

一层平面布置图

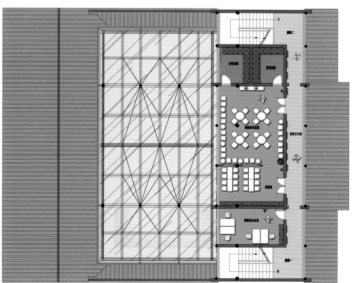

二层平面布置图

JINTANGPRIZE 金堂奖

2011 中国室内设计年度评选
CHINA INTERIOR DESIGN AWARDS 2011

GOOD DESIGN
OF THE YEAR
RETAIL
年度优秀
购物空间

主案设计：
谢智明 Xie Zhiming
博客：
http://221683.china-designer.com/
公司：
大木明威社建筑设计有限公司
职位：
设计总监

职称：
高级室内设计师
项目：
广东佛山人民广播电台数码直播室
广州市番禺节能科技园番山创业中心
中基（宁波）对外贸易股份有限公司
佛山石油集团有限公司
香港美心集团

JNJ马赛克连锁机构
佛山市新金叶烟草集团有限公司
伊丽莎白美容美体连锁机构
明清风韵家具展厅
佛山市助民担保有限公司办公室
华夏新中源售楼部

JNJ mosaic广州马会专卖店
JNJ Mosaic Guangzhou Jockey Club Store

A 项目定位 Design Proposition
作为 JNJ mosaic马赛克广州形象概念店，选址在广州市天河区珠江新城马会家居东区，由于空间的局限性及狭长的店面为设计增加了难度。

B 环境风格 Creativity & Aesthetics
在本案处理中，设计师巧妙地运用了蛋卷形时空隧道的空间概念设计。

C 空间布局 Space Planning
由内而外地打破狭长而局限的空间限制。整个店面分前区的概念空间展示及后区的选样服务区。

D 设计选材 Materials & Cost Effectiveness
结合马赛克镶嵌材质的优势及艺术性来表现整个马赛克形象店独特的空间概念及实用性。

E 使用效果 Fidelity to Client
以合理的空间分隔及混搭的表现手法，展现了一个艺术与功能相结合的马赛克品牌专卖店。

Project Name_
JNJ Mosaic Guangzhou Jockey Club Store
Chief Designer_
Xie Zhiming
Participate Designer_
Huo Lvming , Ye Jinbo
Location_
Guangzhou Guangdong
Project Area_
130sqm
Cost_
3,000,000RMB

项目名称_
JNJ mosaic广州马会专卖店
主案设计_
谢智明
参与设计师_
霍律鸣、叶锦波
项目地点_
广东 广州
项目面积_
130平方米
投资金额_
300万元

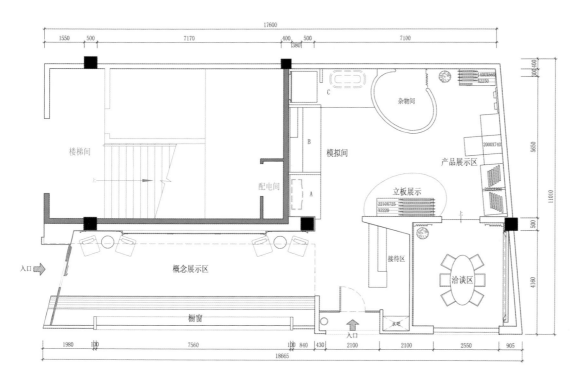

平面布置图

主案设计：
崔海涛 Cui Haitao
博客：
http:// 374422.china-designer.com
公司：
江苏南通摩登天空文化传播有限公司
职位：
创意总监

宏超布艺
Hongchao Cloth

A 项目定位 Design Proposition
纯净，高雅是入店的第一感觉，灰白的统一色调营造出一个纯净而清新的画面。

B 环境风格 Creativity & Aesthetics
设计用简单而蕴含高贵的色调和含蓄蕴藉的线条来凸显这些产品的价值。

C 空间布局 Space Planning
曲线是此次设计的重点，适用于店内几乎所有元素，陈列柜、桌椅、吧台随处都可见弯弯的弧线。闭合的几何曲线分割出一个个陈列柜，柜面利用树叶作为修饰，曲线形展柜巧妙地将整个空间连贯使其成为一个流畅的空间，唯有纯美的流线型才能更好地诠释这些商品，似在流动中展现着产品的美感。

D 设计选材 Materials & Cost Effectiveness
大理石配以灯饰，在灯光下光线折射流动，更好地诠释出墙壁、橱窗与整体空间的线条。白色软膜发光片配以灰色，既简洁又不失高雅，淡雅怡人，沁人心脾。

E 使用效果 Fidelity to Client
置身于这样似梦幻的空间，不自觉的你会放缓脚步，慢慢踱步，细细品味这纯净的世界给你带来的美妙购物体验。如若疲惫，可在休息洽谈区，品茶小憩，随着店内悠扬的音乐，慢慢体会这一刻的舒畅。如此美妙，怎会不让你流连忘返呢？

Project Name_
Hongchao Cloth
Chief Designer_
Cui Haitao
Participate Designer_
Fei Bo
Location_
Nantong Jiangsu
Project Area_
300sqm
Cost_
200,000RMB

项目名称_
宏超布艺
主案设计_
崔海涛
参与设计师_
非波
项目地点_
江苏 南通
项目面积_
300平方米
投资金额_
20万元

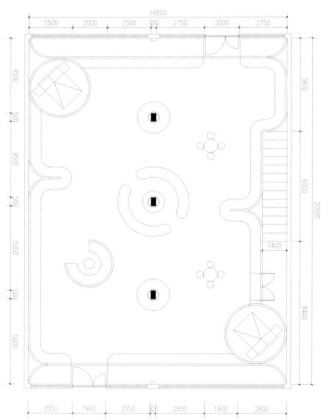

平面布置图

主案设计:
高雄 Gao Xiong
博客:
http://809947.china-designer.com
公司:
道和设计顾问有限公司
职位:
设计总监

职称:
资深室内设计师
中国建筑室内装饰协建筑室内设计师
中国建筑学会室内设计分会会员
建筑装饰装修工程师
项目:
望江南
九日堂

瑞丽妈咪SPA
静茶访、茶会所七街十二府、营销中心
第一谈紫砂会所
佛无说，我无说【静•茶】
【静•茶】上善若水
【吉品汇】•莲说
吉品汇【贰】
唐乾明月接待中心

大隐于市【道和设计】
卓悦酒膳
新中式主义的山水意境

吉品汇
Excellent Club

A 项目定位 Design Proposition

福建省作为全国著名产茶胜地，已形成海西茶文化的新名片，吸引了大量两岸四地茶文化爱好者、学者，十分和谐的促成各家对茶文化的交流，同时也促进了经济发展。

B 环境风格 Creativity & Aesthetics

本案表达空间风格，始终围绕"清茶淡雅，君子淡泊"，并以莲花的精神贯通其中："不蔓不枝，香远益清，亭亭静植，可远观而不可亵玩焉。"让每一位身临其境者感受一份清馨，神怡。

C 空间布局 Space Planning

入口处通过清新的景观装饰毫不做作的链接前厅卖场，让商业展示区渲染出沁人茶香，曼妙的展柜如同茶之茎叶，棱条分明，高雅傲蠹。收银台边上的水景更是恰当地迎接每一位进入厢房的尊贵来宾，明朗的室内照明结合每一面线条，让故事洒满整个空间。人能常清静，天地悉皆归。

D 设计选材 Materials & Cost Effectiveness

本案在设计表达上，延续传统历史的同时突破创新，以茶写意，表现茶的淡雅，禅意。同时通过表达莲花的精神作为装饰设计的主题和切入点。

E 使用效果 Fidelity to Client

吉品汇营业以后，一度成为福州市内众多茶文化爱好者、学者的聚集之地，承担了众多的文化交流平台。同时许多建筑学者、房地产商人也时常相聚于此，一致好评。

Project Name_
Excellent Club
Chief Designer_
Gao Xiong
Location_
Fuzhou Fujian
Project Area_
250sqm
Cost_
500,000RMB

项目名称_
吉品汇
主案设计_
高雄
项目地点_
福建 福州
项目面积_
250平方米
投资金额_
50万元

主案设计：
欧慧 Ou Hui
博客：
http://4746.china-designer.com
公司：
厦门慧驰装饰设计有限公司
职位：
设计总监及合伙人

职称：
中国建筑装饰协会会员
中国建筑及室内设计师网推荐设计师
IAI亚太建筑师与室内设计师联盟资深会员
项目：
漳州华安远光制釉厂(办公综合楼外观及室内设计)
厦门亚马迅巴西烤肉餐厅(石狮店)
厦门瑞景公园5#楼黄宅

厦门米兰春天22#蔡宅
厦门喜乐福台湾美食餐厅（嘉禾店）
Judy's café（鼓浪屿店）
kstina(吉思堤那)高档服装专卖店
厦门亚马迅巴西烤肉餐厅厦禾分店
深圳德卡科技有限公司写字楼

古玩店
Antique Shop

A 项目定位 Design Proposition

展厅商家主要用于古玩收藏、同行交流及交易，所以展厅的设计除产品的销售展示外还强调环境的气氛，把展品与环境自然融合。

B 环境风格 Creativity & Aesthetics

风格摆脱了传统单一的展示风格与展示习惯，让藏品直接当成饰品布置。

C 空间布局 Space Planning

店面的户型是比较传统的长方形，没有变化，这样的店型既是优点也是缺点。为了打破空间的规矩性，利用店面的一个角来当储藏间，圆形的展柜让空间灵动。泡茶区的大小间区分让洽谈的朋友灵活选择空间。中式传统的圆拱门，也让方正的空间多点乐趣，更强调中式主题。

D 设计选材 Materials & Cost Effectiveness

在选材上，现代材料和传统材料的对比运用，实现了共存、协调。如钢制圆拱门和青砖墙体的搭配、镀银纹仿古地砖与青石板的搭配，金茶镜与花梨木家具的搭配。都在传达一种从古到今不变的搭配规则——和谐。

E 使用效果 Fidelity to Client

项目施工完成后一度成为整个商场的焦点，没有昂贵的用材，却达到了相当高档次价值的效果，获得了业主及业界同行的一致好评。

Project Name_
Antique Shop
Chief Designer_
Ou Hui
Participate Designer_
Wu Yinkuan
Location_
Xiamen Fujian
Project Area_
80sqm
Cost_
150,000RMB

项目名称_
古玩店
主案设计_
欧慧
参与设计师_
吴垠宽
项目地点_
福建 厦门
项目面积_
80平方米
投资金额_
15万元

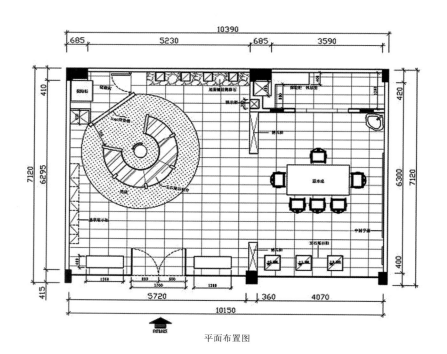

平面布置图

主案设计：
吴磊磊 Wu Leilei
博客：
http://33168.china-designer.com
职位：
自由设计师
职称：
中国室内设计协会会员

中国注册室内建筑师
广州美居"花花世界"特约设计顾问
东鹏陶瓷产品应用设计顾问
奖项：
2005年获东莞装饰艺术节最佳手绘奖
2006年获广州美居杯设计大赛最佳作品奖
2007年获庐山手绘草图设计大赛佳作奖
2008年获东鹏杯室内设计大赛优秀奖

2009年获东莞室内设计大赛"金拇指"奖
2009年获"金羊奖" 东莞十大新锐设计师称号
2010年获"海峡两岸四地设计大赛" 铜奖
项目：
东莞图书馆C座   东莞信国五金电子厂办公楼
东方会所康乐中心   庐山西海渡假村私人会所
YOYOSPA生活馆   佛山湖景湾四期样板房
厚街奥斯卡美容院   东莞各楼盘洋房、别墅装饰工程

破笼
Broken Cage

A 项目定位 Design Proposition
环保，可再生。

B 环境风格 Creativity & Aesthetics
突破，无风格。

C 空间布局 Space Planning
传统布局。

D 设计选材 Materials & Cost Effectiveness
可再生利用材料。

E 使用效果 Fidelity to Client
惊、精、净。

Project Name_
Broken Cage
Chief Designer_
Wu Leilei
Location_
Dongguan Guangzhou
Project Area_
200sqm
Cost_
300,000RMB

项目名称_
破笼
主案设计_
吴磊磊
项目地点_
广东 东莞
项目面积_
200平方米
投资金额_
30万元

主案设计：
邵红升 Shao Hongsheng
博客：
http://40437.china-designer.com
公司：
中国建筑上海设计研究院
职位：
创意总监

奖项：
2008年获北京金融街北丰大厦设计竞赛一等奖
2009年获得〝中国最具商业价值室内设计50强〞称号
2009年获九龙山庄杯别墅精英邀请赛〝最佳空间整合奖〞
项目：
无锡千禧国际大酒店(五星级)加拿大KFS合作

山西锦绣太原大酒店(四星级)室内设计
香格里拉大酒店二期部分改造室内设计(五星级)
皇冠假日大酒店客房\餐饮部分(五星级)室内设计
申蘭集团锦绣会所室内设计
太原金贵国际大酒店室内设计(五星级)
北京金融街太平洋大厦
中国建筑上海设计研究院
德国苏拉纺织集团苏州公司室内设计德国BHP合作

流行前线时尚购物街
Popular Front Shopping Street

A 项目定位 Design Proposition
商铺的顾客主要为18~30岁的时尚女性。

B 环境风格 Creativity & Aesthetics
在设计风格上要突出现代、时尚。

C 空间布局 Space Planning
以高雅的购物环境吸引更多潜在顾客，增强购买力。

D 设计选材 Materials & Cost Effectiveness
地砖、乳胶漆等。

E 使用效果 Fidelity to Client
吸引更多的顾客前来购买。

Project Name_
Popular Front Shopping Street
Chief Designer_
Shao Hongsheng
Participate Designer_
Mei Yubao , Chen Qin
Location_
Jiujiang Jiangxi
Project Area_
1500sqm
Cost_
15,000,000RMB

项目名称_
流行前线时尚购物街
主案设计_
邵红升
参与设计师_
梅玉宝、陈琴
项目地点_
江西 九江
项目面积_
1500平方米
投资金额_
1500万元

主案设计：
王国钦 Wang Guoqin
博客：
http://48691.china-designer.com
公司：
天古装饰工程有限公司
职位：
主任设计师

职称：
高级室内建筑师
项目：
重庆金科天湖美镇花园洋房
重庆金科天湖美镇观天下室内设计
重庆融桥半岛风临洲
C区花园洋房室内设计
重庆同天绿岸花园洋房室内设计

重庆弗莱明戈花园洋房室内设计

Mizees 时尚潮店
Mizees Fashionable Shop

A 项目定位 Design Proposition
在店面的设计上定位是90后较富裕的家庭子女，以超酷吸引客源。

B 环境风格 Creativity & Aesthetics
白与灰的对比让产品更好地体现。

C 空间布局 Space Planning
在有限的空间体现大气的感觉，以岛台为原点循环走道让客户更好地浏览货品。

D 设计选材 Materials & Cost Effectiveness
使用了金属材质和白色质感的漆面。

E 使用效果 Fidelity to Client
酷潮精品吸引了客户的眼球。

Project Name_
Mizees Fashionable Shop
Chief Designer_
Wang Guoqin
Participate Designer_
Zheng Shanshan
Location_
Jiangbei Chongqing
Project Area_
180sqm
Cost_
250,000RMB

项目名称_
Mizees 时尚潮店
主案设计_
王国钦
参与设计师_
郑姗姗
项目地点_
重庆 江北
项目面积_
180平方米
投资金额_
25万元

主案设计：
康拥军 Kang Yongjun
博客：
http:// 152415.china-designer.com
公司：
乌鲁木齐大木宝德设计有限公司
职位：
总经理

奖项：
2009 中国室内设计师年度封面人物
2008 在中国（上海）国际建筑及室内设计
节中荣获"最佳酒店设计奖"提名
2007 在第三届中国国际艺术观摩展中荣获
"年度设计艺术成就奖"
2007 荣获美国室内设计中国区"最佳酒店
设计奖项"提名

项目：
北京798白盒子艺术馆、乌鲁木齐鸿宝斋画廊、新疆回府君悦大酒店、新疆天山君邦大酒店、新疆伊犁大酒店、准东油田丽都酒店、布尔津神湖酒店、伊犁双辰大酒店、新疆自治区迎宾馆1号、9号总统楼、南湖海大酒店、中国银行众银百利达酒店、新疆和田皮亚曼红酒庄园、全聚德乌鲁木齐店、乌鲁木齐新粤海棠港式茶餐厅、乌鲁木齐鹿港小镇台式茶餐厅、新疆吉利阿斯塔纳玉器城、新疆乌鲁木齐市中山路亚新购物广场、乌鲁木齐尚德嘉和玉器会所。

尚德嘉和
Shangde Jiahe

A 项目定位 Design Proposition
尚德嘉和位于乌鲁木齐市幸福路口名家古玩玉器城四楼，是一个集会所、办公、产品展示、少量精品玉石加工、玉石交易为于一体的高档商业空间。

B 环境风格 Creativity & Aesthetics
玉石之美者，代表一个人的品行，号称国石，是典型中国文化代表符号，所以本案采用现代中式风格的设计，将传统中式与现代简约有机结合，既是对传统建筑文化的合理继承与发展，同时也与玉器行业既继承传统精华又发展现代玉器风格的路线相结合，与项目本身具有较高的契合度。

C 空间布局 Space Planning
尚德嘉和共划分了进厅、展厅、会所、办公加工四个主要区域。进厅部分宽敞、整洁，设有接待和水景，水景结合新疆独特的气候环境，巧妙地安排在整个项目的进风口，既调节了室内湿度，又起到了降低室内温度的作用，同时水景区模仿新疆和田喀什河河岸玉石产地地貌特征，与项目本身紧密结合。

D 设计选材 Materials & Cost Effectiveness
水景紧邻接待，与接待相辅相成，既有实际使用意义，又增加了接待时的情趣。展厅部分总体呈圆形布局，宽敞明亮，照明结合玉石本身的特质，以白光为主，返璞归真，更加彰显玉石本身的温润特征，展厅还设有柜台，同时还具有小宗玉石交易的功能。会所部分分为门厅、过厅、休闲区、书画区、茶室、总经理室等，总体以总经理室为中心，满足接待高级客户的各项要求，风格中式简约现代，中间包含了茶、书画、梅、兰、菊、竹等元素，象征玉器志向高洁的特征。

E 使用效果 Fidelity to Client
最终使之各空间结合紧密，相辅相成，即美观又实用。

Project Name_
Shangde Jiahe
Chief Designer_
Kang Yongjun
Participate Designer_
Ning Xi , Yan Li , Chen Junfan
Location_
Wulumuqi Xinjiang
Project Area_
800sqm
Cost_
8,000,000RMB

项目名称_
尚德嘉和
主案设计_
康拥军
参与设计师_
宁熙、闫丽、陈俊帆
项目地点_
新疆 乌鲁木齐
项目面积_
800平方米
投资金额_
800万元

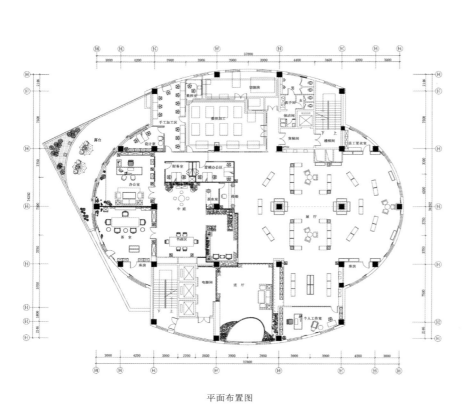

平面布置图

主案设计：
黄定宙 Huang Dingzhou
博客：
http:// 312667.china-designer.com
公司：
温州致尚空间装饰工程公司
职位：
总经理、设计总监

职称：
IAI亚太建筑师与室内设计师联盟会员

雁荡山矿泉水连锁专卖店
Yandang Mountain Mineral Water Shop

A 项目定位 Design Proposition

《老子》："上善若水，水善利万物而不争。"雁荡山水世界是雁荡山矿泉水首家全国连锁专卖店。设计的初衷先对水的概念做一系列深化的研究，找到一个表达准确的主题。水无形无质，却有太多的元素，在选主题时找到了水篆的字体进行延伸变化。在主色调上选择白色调，水是纯净的，没有比白色更能体现它的本质了。

B 环境风格 Creativity & Aesthetics

门的造型设计是由一个个水滴形状联想的。用铝板打空，暗藏LED灯，做整体材料的造型，大门是一个放大的水滴形状，边缘用不锈钢做包边，远远望去象大海中的一个水滴溅起，行业特征表现得淋漓尽致。

C 空间布局 Space Planning

室内设计的中间造型是水篆的构成，顶上的造型也是水篆构成，相互相成，相得益彰。水篆造型里LED光源将产品映的高贵典雅。右边的墙面上镶嵌着发光的水滴形状，台面上的矿泉水瓶子在暗藏灯源下犹若一位位妙龄女子一笑一颦，甚是动人。左边墙面是整个空间的重头戏，造型是水滴在水面上起的涟漪联想的，水表皮是一种无法言语的美。弧形的水表皮里暗藏着一颗颗动人的珍珠，那里展示着世界各地一个个不同的矿泉水瓶造型。

D 设计选材 Materials & Cost Effectiveness

背景是整个水涟漪造型的延伸，在一条条的灯源中，凸起的水表皮上标志豁朗在目。前台的整体也是一种流水的形，似乎在述说着一种亘古不变的美感。

E 使用效果 Fidelity to Client

在这个作品中设计者用某一个商业原则设计这个作品，如果能给客户和消费者带来一丝惊喜，那就可以成功了。

Project Name_
Yandang Mountain Mineral Water Shop
Chief Designer_
Huang Dingzhou
Location_
Wenzhou Zhejiang
Project Area_
50sqm
Cost_
200,000RMB

项目名称_
雁荡山矿泉水连锁专卖店
主案设计_
黄定宙
项目地点_
浙江 温州
项目面积_
50平方米
投资金额_
20万元

主案设计:
赵学强 Zhao Xueqiang
博客:
http://408190.china-designer.com
公司:
香港FRS设计顾问有限公司广州zens哲品家居有限公司
职位:
董事、总经理、设计总监

职称:
2009广州设计周特邀中方评委
国际知名不动产空间风水大师
中国银行陈设与风水特约顾问
北京金一黄金有限公司(奥运会、亚运会、
世博会贵金属特约指定供应商)特约家居陈设
风水顾问

项目:
海角七号酒店
洲际酒店旗下假日快捷酒店
首创集团北泉路项目售楼中心
翡翠城四期翡翠长汀样板房
FRS西南办事处
成都文旅集团三岔湖数字招商中心
置信国旅投资河伴居会所

广州TIT创意园ZENS概念店
Guangzhou TIT Creative Park ZENS Concept Store

A 项目定位 Design Proposition
在传统的家居用品以实用为核心诉求的当下，设计者将艺术、创新、简洁、时尚的气质带入空间设计中。以"生活艺术化"为理念，将空间特点与展示的商品完美结合，合力形成统一、完美的商展氛围。

B 环境风格 Creativity & Aesthetics
本案作为一个倡导"东方生活智慧"的品牌，其概念店的设计正是源于这种思想。以中国的"国"字为创意源泉，以创新的手法表达东方美学在现代空间中存在的价值。

C 空间布局 Space Planning
空间构成与展示架的设计，延续了汉字"国"的构成手法，将一个个造型简洁，功能理性的盒子，巧妙有机地组合。以大繁之简的思想理念在"个"与"体"之间演绎中国哲人所推崇的"少就是多"的东方智慧。

D 设计选材 Materials & Cost Effectiveness
取材最东方也是最环保的材料"竹"，将工业规模化生产，现场安装组合的方式"以工业化、标准化、机械化手段取代现场施工作业"这一理论体系引入到建筑室内设计中。

E 使用效果 Fidelity to Client
对空间有很好地诠释和应用，从空间的角度阐释了ZENS哲品家具倡导的"新东方生活智慧"。

Project Name_
Guangzhou TIT Creative Park ZENS Concept Store
Chief Designer_
Zhao Xueqiang
Location_
Guangzhou Guangdong
Project Area_
220sqm
Cost_
780,000RMB

项目名称_
广州TIT创意园ZENS概念店
主案设计_
赵学强
项目地点_
广东 广州
项目面积_
220平方米
投资金额_
78万元

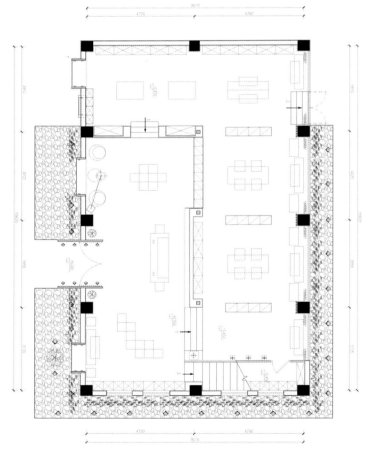

平面布置图

主案设计：
赵学强 Zhao Xueqiang
博客：
http://408190.china-designer.com
公司：
香港FRS设计顾问有限公司 广州zens哲品家居有限公司
职位：
董事、总经理、设计总监

职称：
2009广州设计周特邀中方评委
国际知名不动产空间风水大师
中国银行陈设与风水特约顾问
北京金一黄金有限公司(奥运会、亚运会、世博会贵金属特约指定供应商)特约家居陈设风水顾问

项目：
海角七号酒店
洲际酒店旗下假日快捷酒店
首创集团北泉路项目售楼中心
翡翠城四期翡翠长汀样板房
FRS西南办事处
成都文旅集团三岔湖数字招商中心
置信国旅投资河伴居会所

蜜蜂瓷砖概念店
Bee Tiles Concept Store

A 项目定位 Design Proposition
设计之初就对品牌在中国市场的核心价值及市场定位，进行了全新的分析规划，将"时尚、经典、品质、品位"定为设计的核心要素，以"我们出售的不是一种装饰材料，而是一种生活方式"为核心诉求。

B 环境风格 Creativity & Aesthetics
光是构成空间、表达商品特点不可或缺的重要因素和手段。良好的购物环境，对产品销售有显著地推动作用，以最简洁的空间造型与唯美的灯光设计，用平面设计的手法去表达立体的空间是设计的最大特点。

C 空间布局 Space Planning
传统的同类空间设计基本上以小方格组合而成的一个个样板区，该设计一反传统，将展览空间与精品展示相结合，大量使用多媒体表达方式代替传统的做法，从而得到大开大合、主次分明、时尚简洁、尊贵品位的空间。

D 设计选材 Materials & Cost Effectiveness
用最简单，但同时又是定位最精准的材料，创造不平凡的空间。

E 使用效果 Fidelity to Client
投入运营后，不管是投资人还是来店购物的客户，包括商场的管理公司都给予了很高的评价，客户喜欢率98%，装修成本减少30%，能耗下降30%。

Project Name_
Bee Tiles Concept Store
Chief Designer_
Zhao Xueqiang
Location_
Chengdu Sichuan
Project Area_
270sqm
Cost_
800,000RMB

项目名称_
蜜蜂瓷砖概念店
主案设计_
赵学强
项目地点_
四川 成都
项目面积_
270平方米
投资金额_
80万元

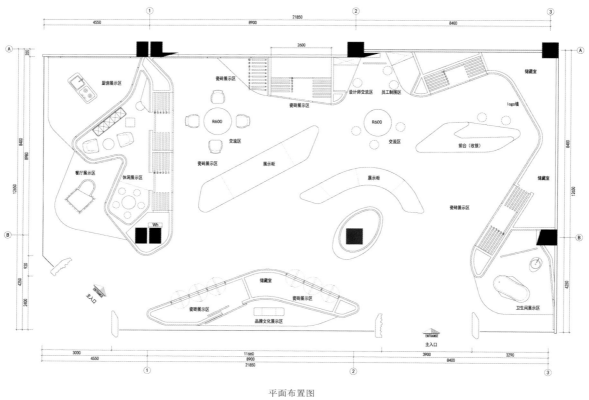

平面布置图

主案设计：
余霖 Yu Lin
博客：
http://ann1236.china-designer.com
公司：
香港东仓集团有限公司
职位：
设计总监

满堂贵金属展示厅
Mantanggui Metal Showroom

A 项目定位 Design Proposition
较之室内设计与室内建筑的区别，我们认为，重点在于依靠怎样的构成手法进行空间的布置与构成。

B 环境风格 Creativity & Aesthetics
现代。

C 空间布局 Space Planning
决定以建筑的尺度进行空间的量化设计。在对光线与供人行走、停驻的实体进行组合与设计。

D 设计选材 Materials & Cost Effectiveness
选材新颖。

E 使用效果 Fidelity to Client
设计独特，空间耐人寻味。

Project Name_
Mantanggui Metal Showroom
Chief Designer_
Yu Lin
Location_
Wuxi Jiangsu
Project Area_
2070sqm
Cost_
5,180,000RMB

项目名称_
满堂贵金属展示厅
主案设计_
余霖
项目地点_
江苏 无锡
项目面积_
2070平方米
投资金额_
518万元

主案设计：
陈飞杰 Chen Feijie
博客：
http://480826.china-designer.com
公司：
飞杰设计（香港）有限公司
职位：
总设计师

奖项：
2007年室内设计流行趋势发布会之主题作品（上海洪桥别墅外景观、中山水云轩别墅设计、办公室室内设计）
2008年深圳办公空间类银奖
2008年深圳商场、展厅类佳作奖
2008年深圳住宅、样板房类佳作奖
2008年深圳商场展示类银奖

项目：
2008年招商证券(香港)环球大厅总部
2008年深圳圆博圆圆恐龙博物馆
2008年欧美家具香港有限公司展厅
2009年NDS深圳总部办公楼
2009年Hacker(德国)橱柜展厅、2009年深圳天琴湾会所
2009年杭州六星级白马湖世界华人会（中国地区会馆）
2009年北京七星级四季酒店（设计中）

宝丽瑞嘉
Belvicina

A 项目定位 Design Proposition

宝丽瑞嘉（belvicina）是来自意大利的一个高端饰釉砖（仿古砖）品牌，从建立之初就坚持意大利生活质量文化的价值输出，传承意大利细腻生活品质，将意大利式完美人居生活创想撒播中国。

B 环境风格 Creativity & Aesthetics

稳定的六边形家园结构正是企业运营中很需要的品质：大家的共同努力才能在蜂巢里填满香甜的蜂蜜。

C 空间布局 Space Planning

有新的产品可以做局部装饰面的调整而不是拆除整间重做，这样有利于品牌形象的稳重深入客户心里，无形资产的沉淀也是越来越有价值；这应是种趋势，符合当前国际呼吁"环保"、"低碳"的潮流。

D 设计选材 Materials & Cost Effectiveness

以塑造阐释企业文化与产品品质为基础，设计中以"源自意大利"为目标，在展厅中有"茱丽叶之家""罗密欧之家""威尼斯贡多拉"等故事性概念，从而为设计本身增加了一份不可"Copy"的独特性。

E 使用效果 Fidelity to Client

客户非常满意这个作品，为企业赢得很高的利润。

Project Name_
Belvicina
Chief Designer_
Chen Feijie
Location_
Foshan Guangdong
Project Area_
300sqm
Cost_
10,000,000RMB

项目名称_
宝丽瑞嘉
主案设计_
陈飞杰
项目地点_
广东 佛山
项目面积_
300平方米
投资金额_
1000万元

一层平面布置图

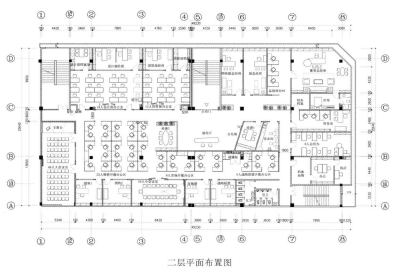

二层平面布置图

三层平面布置图

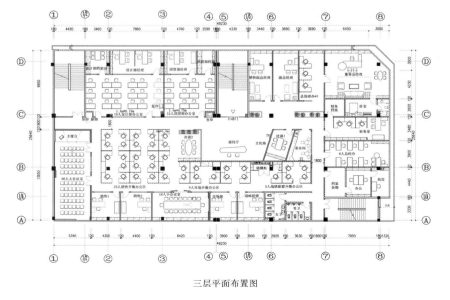

主案设计:
李京 Li Jing
博客:
http://491211.china-designer.com
公司:
广州煌庭装饰设计工程有限公司
职位:
副总经理、设计总监

职称:
　金羊奖-2009年度中国百杰室内设计师
　金羊新锐杯-2010珠三角室内设计锦标赛办
公空间组冠军
　金堂奖2010中国室内设计年度评选-年度十
佳办公空间设计
项目:
中国泰发集团广州办公楼

意大利男装品牌斯卡图全国专卖店
广州日立电机有限公司办公楼
意大利男装品牌专卖店

CARLO Atelier专卖店
CARLO Atelier Store

A 项目定位 Design Proposition

本项目独有的设计定位走高端路线，设计上充分考虑到市场中高端男装及定制男装的新趋势，通过设计表达了品牌的高贵时尚定位。

B 环境风格 Creativity & Aesthetics

本项目的风格更趋向于现代风格，但是同时加入了新古典的元素，通过空间完美的比例裁剪达到表达产品完美设计的理念。

C 空间布局 Space Planning

本项目的布局上更多是考虑客人的购物习惯，通过考虑每个客户进入前后的视觉变化和心理变化，进行设计创造视点。

D 设计选材 Materials & Cost Effectiveness

本项目的材质上，使用了石材、科技木等一些较为环保低碳的材质。

E 使用效果 Fidelity to Client

通过本项目的设计，此品牌在购物中心的商业环境中显得尤为突出，客人可以达到很高的审美欣赏并产生更多的信任感和购物需求，同时也达到了业主的初衷。

Project Name_
CARLO Atelier Store
Chief Designer_
Li Jing
Location_
Guangzhou Guangdong
Project Area_
150sqm
Cost_
800,000RMB

项目名称_
CARLO Atelier专卖店
主案设计_
李京
项目地点_
广东 广州
项目面积_
150平方米
投资金额_
80万元

主案设计：
陶胜 Tao sheng
博客：
http://793878.china-designer.com
公司：
登胜空间设计
职位：
创意总监

奖项：
2010南京室内设计大奖赛住宅工程类二等奖
/别墅工程类二等奖/办公工程类三等奖
2010江苏省智能空间室内设计大奖赛一等奖
2010中国室内设计大奖赛住宅工程类优秀奖
2010 "欧普·光·空间" 全国办公照明设计
大赛Top10年度人物奖

项目：
圣淘沙花城
市政天元城
揽翠园
龙凤花园
素家

美承数码客服中心
Meicheng Digital Service Center

A 项目定位 Design Proposition
美承集团是国内一流的IT品牌零售商，美承365是公司重新推出的一种综合性服务模式，它涉及产品维修、产品销售、前沿信息发布等众多功能为一体，在IT行业内是一次完全的创新。

B 环境风格 Creativity & Aesthetics
本案地处南京珠江路，室内面积200平方米，设计师需要通过合理设计，将众多功能整合在一起。

C 空间布局 Space Planning
多种几何造型的运用，突出IT行业的现代和未来感。

D 设计选材 Materials & Cost Effectiveness
同时设计师在不同区域配上集团的企业色，既改变了空间色彩的单一性又和公司文化相得益彰。

E 使用效果 Fidelity to Client
于是整个空间便有了简洁明快、别具一格的感觉。

Project Name_
Meicheng Digital Service Center
Chief Designer_
Tao Sheng
Participate Designer_
Xue Yansheng , Shan Tingting
Location_
Nanjing Jiangsu
Project Area_
200sqm
Cost_
100,000RMB

项目名称_
美承数码客服中心
主案设计_
陶胜
参与设计师_
薛燕胜、单婷婷
项目地点_
江苏 南京
项目面积_
200平方米
投资金额_
10万元

主案设计：
陈全 Chen Quan
博客：
http:// 798349.china-designer.com
公司：
杭州中轶装饰工程有限公司
职位：
首席设计师

职称：
国家注册室内设计师国际ICDA注册室内设计师
项目：
青山湖别墅
富春山居别墅
星星港湾别墅
世贸丽晶城
和家园

东方郡
白马尊邸
万银国际写字楼
雅芳美容专卖店

酪汇酒庄
Minghui Winery

A 项目定位 Design Proposition
迷人的色彩，神秘的情思，柔和醇香的红酒饱含了鲜活的生命原汁，蕴藏了深厚的历史内涵。

B 环境风格 Creativity & Aesthetics
本案是一家红酒专卖店，因此她以红酒的悠久历史、文化特色为背景，融入现代风格，整体呈现出一种沉稳却又不失活力的鲜活格调。由于只有50多平方米的面积，显得略微局促，于是设计师在正对入口的墙面运用了整面白镜来扩大视觉范围，左边墙面展示柜上，巧妙地运用彩虹般绚丽多彩的亚克力板，分别展示着红酒精品，将空间点缀得如魔方般精彩。

C 空间布局 Space Planning
展柜在镜中构筑出梦幻般的几何造型及色彩，让镜中的影像与镜外的空间相映成趣，真实与虚幻结合着。看似朦胧的空间却依然有着清晰唯美的线条，同时也让看客在参观之时沉浸其间，依然能区分现实与幻境的差别。深浅相间的金钢板顺入口方向铺满整间店面，又由地面直接转向吧台，它既拉伸空间的纵伸感，又让吧台与地面相融合，使空间显得趣味横生。

D 设计选材 Materials & Cost Effectiveness
采用水曲柳黑色漆、彩色亚克力板、白镜、洞石、中花白大理石、金钢板等。

E 使用效果 Fidelity to Client
璀璨的灯光迷离间又生几份幽幽之意，妙巧间又让人追忆起生活的美好。

Project Name_
Minghui Winery
Chief Designer_
Chen Quan
Location_
Hangzhou Zhejiang
Project Area_
50sqm
Cost_
200,000RMB

项目名称_
酪汇酒庄
主案设计_
陈全
项目地点_
浙江 杭州
项目面积_
50平方米
投资金额_
20万元

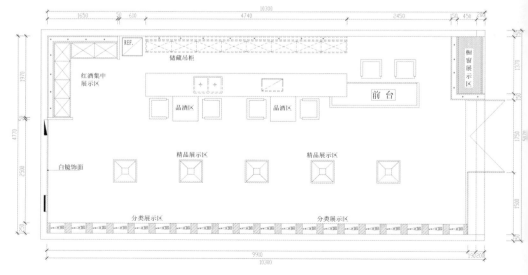

平面布置图

主案设计:
任磊 Richard
博客:
http://801447.china-designer.com
公司:
上海孚若珥建筑装饰设计工程有限公司
职位:
设计总监

职称:
中级工艺美术师
奖项:
2008亚太室内设计双年展展示类入围奖
项目:
上海史泰博延安路办公家具展厅
上海震旦办公家具展厅设计
杭州荣业家具展厅设计

江苏昆山其强办公家具展厅及办公空间设计
山东泰安东尊华美达大酒店（五星级）
山东济南湘鄂情怀868餐饮会所

江苏扬州科派办公家具展厅

Jiangsu Yangzhou Cubespace Office Furniture Showroom

A 项目定位 Design Proposition

设计师从业主需要出发，倾心营造现代、简洁、时尚的办公家具展厅效果。

B 环境风格 Creativity & Aesthetics

展厅采用宽大的流动空间，有着漂浮的顶棚，成角度布置的墙体，展厅不做实体的隔断和划分，可以象魔方一样根据需要进行变化组合。

C 空间布局 Space Planning

展厅空间平面设计打破常规布局及构图，采用大部分是直线划分空间、局部展示空间倾斜交叉布局形式，斜角和立方体的运用，将若干个区域进行交叉组合，形式丰富。

D 设计选材 Materials & Cost Effectiveness

大量运用形式各异的灯光膜照明装饰天花吊顶，如钻石形状和棋盘形状的灯光膜结构照明，使空间极具个性化；垂直界面的处理上使用烤漆玻璃、屏风、灯光膜、密度板、染色玻璃、成品高隔间等。

E 使用效果 Fidelity to Client

该展厅在使用半年的时间，科派品牌办公家具通过向客户展示整体展厅概念，已经获得了几个大型出口订单，业主投资成本已经收回，精品展厅对销售的影响可见一斑。

Project Name_
Jiangsu Yangzhou Cubespace Office Furniture Showroom
Chief Designer_
Ren Lei
Participate Designer_
Chu Yanjie , Zhang Liping
Location_
Yangzhou Jiangsu
Project Area_
1200sqm
Cost_
3,000,000RMB

项目名称_
江苏扬州科派办公家具展厅
主案设计_
任磊
参与设计师_
储艳洁、张丽萍
项目地点_
江苏 扬州
项目面积_
1200平方米
投资金额_
300万元

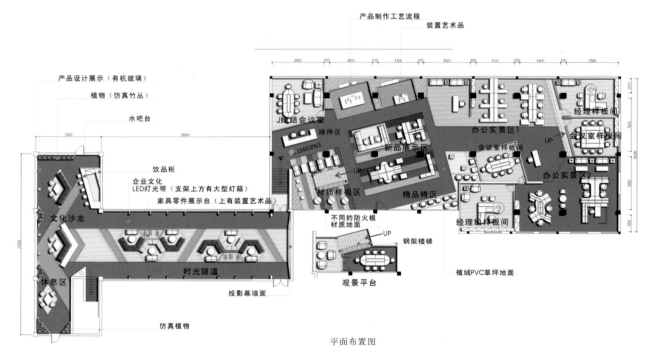

产品制作工艺流程

装置艺术品

产品设计展示（有机玻璃）

植物（仿真竹丛）

水吧台

J结结会议室

接待区

经理样板间

办公实景区1

CUBESPACE

会议室样板间

UP

会议室样板间

新品展示区

饮品柜

企业文化

LED灯光带（支架上方有大型灯箱）

家具零件展示台（上有装置艺术品）

材质样板区

精品椅区

办公实景区2

文化沙龙

不同的防火板
材质地面

经理级样板间

UP

钢架楼梯

时光隧道

植绒PVC草坪地面

投影幕墙面

观景平台

仿真植物

平面布置图

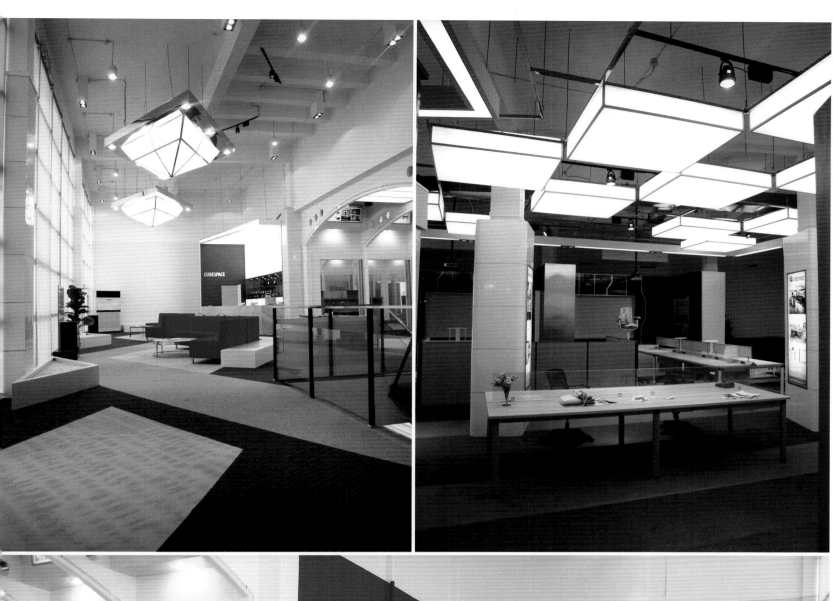

主案设计：
王哲敏 Wang Zhemin
博客：
http://805505.china-designer.com
公司：
上海诚之行建筑装饰设计咨询有限公司
职位：
创始人兼设计总监

奖项：
2010 "金外滩奖" 最佳居住空间提名奖
2011设计新势力——上海十大设计师称号
项目：
瑞安中华汇广州创逸雅苑会所、售楼处、样板房
瑞安中华汇重庆首座大厦商场、售楼处
瑞安中华汇沈阳天地展示厅、样板房
瑞安中华汇成都销售中心、办公样板层

仁恒上海江湾城怡庭样板房
仁恒上海河滨城样板房
瑞安上海新天地南里商场改造
泰升天津泰悦豪庭会所、售楼处、样板房
裕田上海中裕豪庭售楼处、别墅样板房
明泉上海璞院别墅样板房
杭州西溪天堂SPA接待馆

上海新天地商场
Shanghai Xintiandi Mall

A 项目定位 Design Proposition

在新天地，中国人可以看到西方的休闲方式——露天咖啡座及酒吧文化；西方人可以了解上海的过去和现在——欣赏老上海石库门文化以及新天地现代的周边环境。

B 环境风格 Creativity & Aesthetics

转眼新天地已经落成十年有余，经过业主方的综合考虑，于去年决定动工对南里商场进行一次改造，以求给来自世界各地的游客一个融合时尚、娱乐、建筑、文化以及艺术于一体的全新的购物休闲环境。

C 空间布局 Space Planning

大堂的设计简洁大气，而步入洗手间又让游客感到豁然开朗、身心放松，磨砂镜面上的中式屏风元素使镜面大量被使用的空间不会显得那么生硬，体现了业主及设计师对传统文化的热爱，并执意将其传承下去的用心。

D 设计选材 Materials & Cost Effectiveness

在公共空间采用了优雅的米色为主基调，并用金属材料包裹商场公共走道上的柱子，在契合时尚这一主题的同时又不失端庄。在天花的点缀上采用了抽象的鲤鱼造型设计，将鲤鱼这一个在中国人传统观念中的吉祥元素非常讨巧地，从艺术和文化的角度切入，完美融入到现代的建筑中。

E 使用效果 Fidelity to Client

业主很满意，商场每天都吸引很顾客前来购物。

Project Name_
Shanghai Xintiandi Mall
Chief Designer_
Wang Zhemin
Location_
Xuhui District Shanghai
Project Area_
1000sqm
Cost_
5,000,000RMB

项目名称_
上海新天地商场
主案设计_
王哲敏
项目地点_
上海 徐汇
项目面积_
1000平方米
投资金额_
500万元

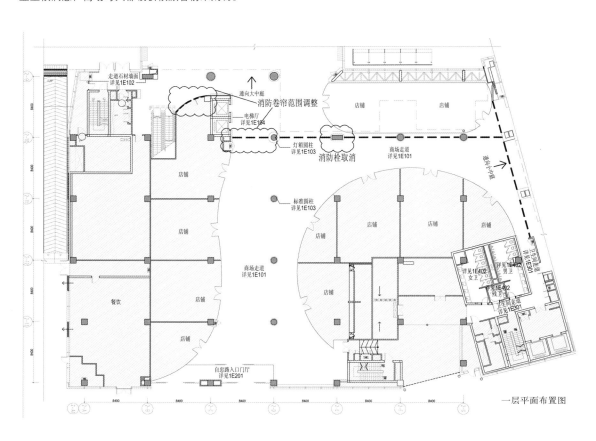

一层平面布置图

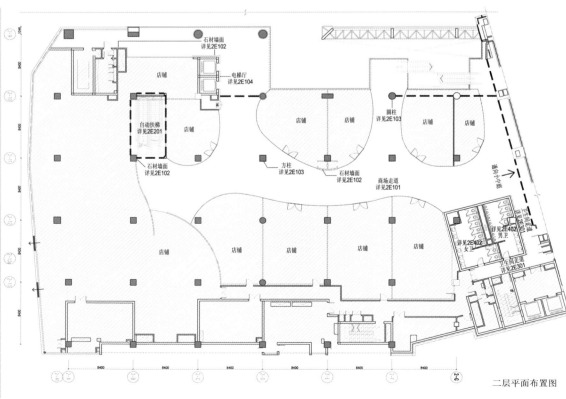

二层平面布置图

主案设计:
张荣杰 Zhang Rongjie
博客:
http://817067.china-designer.com
公司:
成都麦联室内装饰工程设计有限公司
职位:
副总经理

奖项:
2008APIDA设计大奖
2008、2010 GZDW 十大室内设计师
2009 CBDA 优秀奖
2010 APSDA 筑巢奖
项目:
麦乐迪KTV
海中天桑拿

红星路旺角广场
经典时代夜总会
德国西门子—成都办事处
城市车辆公司会所
马可波罗陶瓷富森美旗盘店体验馆
华力森房地产开发有限公司尚西花郡售楼部
华力森房产（尚西花郡样板间）
华阳家居生活广场

富御珠宝台北101大楼店
Fu Yu Jewelry 101 Building Shop

A 项目定位 Design Proposition
与商场的时尚及档次相匹配。

B 环境风格 Creativity & Aesthetics
精致度与细节的强化。

C 空间布局 Space Planning
拥有独立并私密的消费环境。

D 设计选材 Materials & Cost Effectiveness
对材料品牌均有国际化的要求。

E 使用效果 Fidelity to Client
获得同业好评的同时放大原有经营营业额及工作的流畅性。

Project Name_
Fu Yu Jewelry 101 Building Shop
Chief Designer_
Zhang Rongjie , Lin Yongzhen , Zhang Ronghua
Participate Designer_
Wang Yu , Liu Jia
Location_
Taibei Taiwan
Project Area_
50sqm
Cost_
350,000RMB

项目名称_
富御珠宝台北101大楼店
主案设计_
张荣杰、林永镇、张荣华
参与设计师_
王禹、刘嘉
项目地点_
台湾 台北
项目面积_
50平方米
投资金额_
35万元

主案设计：
孔仲讯 Kong Zhongxun
博客：
http://818628.china-designer.com
公司：
河南鼎合建筑装饰设计工程有限公司
职位：
设计总监

职称：
高级室内建筑师
项目：
　2010年获金堂奖·2010 CHINA-DESIGNER "年度优秀休闲空间设计"
　2010年获CIID中国室内室内陈设艺术类二等奖
　2009年获中国室内设计大奖赛商业工程类二等奖

2009 年获中国风-IAI 2009亚太室内设计邀请赛铜奖
2008年获亚太室内设计方案类金奖
2008年获第四届海峡两岸四地室内设计大赛银奖
2008年获第四届海峡两岸四地室内设计大赛铜奖
2008年获亚太地区室内设计双年大奖赛铜奖
2008年获中国室内设计大奖赛酒店、宾馆工程类三等奖
2008年获上海 "金外滩" 最佳色彩运用奖
2006年获IFI第二届国际室内设计大奖赛商业类三等奖

波尔多酒行品鉴会所
Bordeaux Wine Club

A 项目定位 Design Proposition
以品签为主导的红酒会所，给客人提供舒适的社交场所。

B 环境风格 Creativity & Aesthetics
怀旧的古堡风格，打破了以往以原木为主的展示方式，强调质感的对比，定制的酒柜给人华丽、高贵的感觉。

C 空间布局 Space Planning
通过空间的收放，在小空间中营造出深邃的空间感，没有过度的展示红酒以突出会所的气质。

D 设计选材 Materials & Cost Effectiveness
仿古洞石、黑色哑光漆、咖啡色石灰石都很有质感，同时在色彩上形成强烈的对比，很好地营造出了怀旧的氛围。

E 使用效果 Fidelity to Client
怀旧的古堡风格与法国老产区红酒庄的悠久历史相呼应，也有别于其他酒行千篇一律的风格，更吸引客户的到来，是体现客人品味的场所。

Project Name_
Bordeaux Wine Club
Chief Designer_
Kong Zhongxun
Location_
Zhengzhou Henan
Project Area_
300sqm
Cost_
1,500,000RMB

项目名称_
史丹利&东铁展场
主案设计_
孔仲讯
项目地点_
河南 郑州
项目面积_
300平方米
投资金额_
150万元

主案设计：
卢涛 Lu Tao
博客：
http://820664.china-designer.com
公司：
深圳市名汉唐设计有限公司
职位：
董事、总经理

职称：
高级室内建筑师
项目：
泉州李氏家居生活广场室内外设计
常德国际家居生活广场室内外设计
温州家具市场室内外设计
友邦（麦德龙）家居广场室内外建筑装饰设计
聚信美·家居世纪城室内外建筑装饰设计

山东福王红木珍品馆室内装饰设计
桂林恒利居品尚家具城（家乐店）室内外装饰设计
昆明港都家具广场（公交集团服务大楼）室内外装饰设计
汇海隆（山东）国际家居mall三期室内外建筑装饰设计等

富森美家居家具MALL
Fusen Mei Household Furniture MALL

A 项目定位 Design Proposition
20万平方米的富森美家居家具MALL有着鲜明的主题和体验特色。

B 环境风格 Creativity & Aesthetics
以国际化的规划及设计塑造家居商场的城市样板，打造适合都市生活的全程体验式家居购物中心。

C 空间布局 Space Planning
将品牌和时尚风情融入家居理念，掌控潮流焦点和时尚节拍。

D 设计选材 Materials & Cost Effectiveness
体验生活、品味时尚、感受尊贵的"家的乐园"。

E 使用效果 Fidelity to Client
打造适合都市生活的全程体验式家居购物中心。

Project Name_
Fusen Mei Household Furniture MALL
Chief Designer_
Lu Tao
Participate Designer_
Liu Shulao
Location_
Chengdu Sichuan
Project Area_
200000sqm
Cost_
7,900,000,000RMB

项目名称_
富森美家居家具MALL
主案设计_
卢涛
参与设计师_
刘树老
项目地点_
四川 成都
项目面积_
200000平方米
投资金额_
79亿元

主案设计:
陈轩明 Chen Xuanming
博客:
http://822406.china-designer.com
公司:
DPWT Design Ltd
职位:
董事

奖项:
筑巢奖2010中国国际空间环境艺术设计大赛
三等奖
亚太室内设计双年大奖赛入围
First Round- Hong Kong Contemporary
Art Biennale (2009)
亚太室内设计大奖十名入围商业类
灯饰设计大赛第一名 香港 (2008)

项目:
北京首都时代广场地铁通道
香港嘉禾青衣电影城
香港嘉禾荃新电影城
美丽华酒店办公室
维健牙医诊所
深圳嘉里物流

糖果店
Candy Store

A 项目定位 Design Proposition
糖果店是位于黄埔广场购物中心,香港九龙半岛最大的居民区之一的嘉禾电影院的补充商业部分。

B 环境风格 Creativity & Aesthetics
想吸引来此看电影的孩子们/青年人并提供购物。因此吸引人的颜色/情味为孩子们/青年人提供强烈的诱惑。

C 空间布局 Space Planning
设计分两部分,一是墙上曲线展示,另一部分是单个树状展示不同方向陈列不同颜色糖果的盒子。

D 设计选材 Materials & Cost Effectiveness
为了让糖果更突出,只采用橙色。从墙到天花运用了橙色带形成了一个更封闭的氛围。有些地方用了镜子使空间显得更大。

E 使用效果 Fidelity to Client
投入使用后,效果很理想。

Project Name_
Candy Store
Chief Designer_
Chen Xuanming
Participate Designer_
Wu Aixian
Location_
Jiulongcheng Hongkong
Project Area_
100sqm
Cost_
2,000,000RMB

项目名称_
糖果店
主案设计_
陈轩明
参与设计师_
伍蔼贤
项目地点_
香港 九龙城
项目面积_
100平方米
投资金额_
200万元

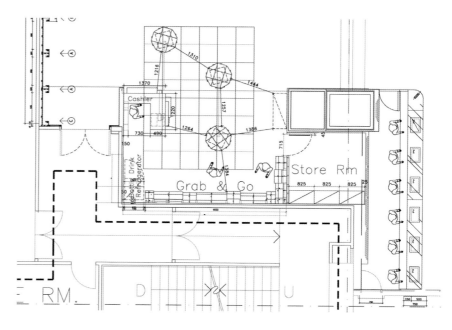

平面布置图

主案设计：
王瑞 Wang Rui
博客：
http:// 823591.china-designer.com
公司：
国都建筑设计研究院
职位：
主案设计师

太原龙发生活馆
Taiyuan Longfa Life Club

A **项目定位** Design Proposition
此项目定位是家居、舒适。

B **环境风格** Creativity & Aesthetics
希望能通过此体验馆，让人感到温馨舒适。

C **空间布局** Space Planning
清晰的空间布局，每个空间都有不同的体验。

D **设计选材** Materials & Cost Effectiveness
尽量选择能够迎合整体风格的材料，简约。

E **使用效果** Fidelity to Client
让人流连忘返。

Project Name_
Taiyuan Longfa Life Club
Chief Designer_
Wang Rui
Location_
Taiyuan Shanxi
Project Area_
1160sqm
Cost_
1,200,000RMB

项目名称_
太原龙发生活馆
主案设计_
王瑞
项目地点_
山西 太原
项目面积_
1160平方米
投资金额_
120万元

主案设计：
陈俊男 Chen Junnan
博客：
http://145611.china-designer.com
公司：
上海邑方空间设计
职位：
设计总监

奖项：
金堂奖.年度十佳样板房/售楼处 2010
紫荆花漆美居行动 奇思妙想2010
伊莱克斯十大样板房设计师2008
中国(上海)国际建筑及室内设计节金外滩入
围奖2007、2008
第六届建筑室内设计大赛商业空间类一等奖
2007

FERICHI杯室内精英设计师大赛优选奖2007
项目：
浦东仕嘉名苑杜公馆   TOWNSTEEL上海展示厅
杭州大华西溪风情江公馆   观庭王公馆
翠湖天地周公馆   君御豪庭叶公馆
BERNIS 长春卓展店
上海艾德展场
ENRICO COVERI 上海港汇店•北京新光店•天津远百店

Townsteel
Townsteel

A 项目定位 Design Proposition
TOWNSTEEL是一间结合防控系统、调光薄膜、触控投影、互动投影及酒店高级锁具的综合展示厅。

B 环境风格 Creativity & Aesthetics
基地位于高架路旁拥有沿街面50米长的对外橱窗，因此在对外的立面设计上呼应着高架路上的车水马龙，橱窗采取不等距的玻璃分割，将速度感抽象化。

C 空间布局 Space Planning
置入了调光薄膜，于夜间可结合多媒体投影对外展示入口设计，为了让人从外面的喧嚣车流走到室内能感受到展厅的沉淀及平静，利用两个柱间的距璃退缩2米，创造出水景使得室内外空间能有个缓冲。

D 设计选材 Materials & Cost Effectiveness
成为酒店客房外的一水池造景，因立面退缩而独立的柱子也成为招牌的一部份，另外上方的镜面天花让入口高度更显大气并延伸成雨棚结合外面招牌，使整个外立面设计更有层次感而不显单一。

E 使用效果 Fidelity to Client
此项目得到了业主的好评。

Project Name_
Townsteel
Chief Designer_
Chen Junnan
Location_
Jing'an District Shanghai
Project Area_
260sqm
Cost_
600,000RMB

项目名称_
townsteel
主案设计_
陈俊男
项目地点_
上海 静安
项目面积_
260平方米
投资金额_
60万元

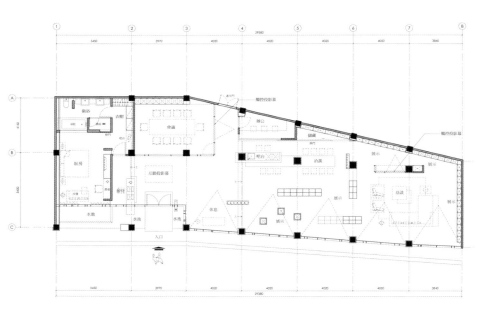

平面布置图

JINTANGPRIZE 金堂奖

2011 中国室内设计年度评选
CHINA INTERIOR DESIGN AWARDS 2011

张灿——成都当代美术馆 /016
张灿——四川省教育学院艺术教学大楼 /020

谢英凯_2010 广州国际设计周汤物臣·肯文展位 Chimney /030

龚小刚——北京大学英杰交流中心 /034

李晖_上海崇明规划展览馆 /050
李晖_上海卢湾规划展览馆 /054

姚康荣——杭州党湾幼儿园 /058

鄢海兵_智奇会展中心展厅 /060

祁斌——徐州音乐厅 /072

陈广暄——南京诸子艺术馆 /078

王崇明_西溪国家湿地公园游客服务中心 /100

谢智明——SNJ masaic 广州马会专卖店 /104

郏拥军_尚德嘉和 /128

陈全_酩汇酒庄 /154

张荣杰——富御珠宝台北 101 大楼店 /164

孔仲讯_波尔多酒行品鉴会所 /166

卢涛_富森美家居家具 MALL /170

图书在版编目（CIP）数据

中国室内设计年度优秀公共·购物空间作品集 / 金堂奖组委会编.
-- 北京：中国林业出版社，2012.1 （金设计 2）
ISBN 978-7-5038-6402-5

Ⅰ.①中… Ⅱ.①金… Ⅲ.①公共建筑 – 室内装饰设计 – 作品集 – 中国 – 现代
②商业 – 服务建筑 – 室内装饰设计 – 作品集 – 中国 – 现代 Ⅳ.① TU242 ② TU247

中国版本图书馆 CIP 数据核字 (2011) 第 239178 号

本书编委员会

组编：《金堂奖》组委会

编写：邱利伟◎董　君◎王灵心◎王　茹◎魏　鑫◎徐　燕◎许　鹏◎叶　洁◎袁代兵◎张　曼
　　　王　亮◎文　侠◎王秋红◎苏秋艳◎孙小勇◎王月中◎刘吴刚◎吴云刚◎周艳晶◎黄　希
　　　朱想玲◎谢自新◎谭冬容◎邱　婷◎欧纯云◎郑兰萍◎林仪平◎杜明珠◎陈美金◎韩　君
　　　李伟华◎欧建国◎潘　毅◎黄柳艳◎张雪华◎杨　梅◎吴慧婷◎张　钢◎许福生◎张　阳
　　　温郎春◎杨秋芳◎陈浩兴◎刘　根◎朱　强◎夏敏昭◎刘嘉东◎李鹏鹏◎陆卫婵◎钟玉凤
　　　高　雪◎李相进◎韩学文◎王　焜◎吴爱芳◎周景时◎潘敏峰◎丁　佳◎孙思睛◎邝丹怡
　　　秦　敏◎黄大周◎刘　洁◎何　奎◎徐　云◎陈晓翠◎陈湘建

整体设计：A&E 北京湛和文化发展有限公司
　　　　　http://www.anedesign.com

中国林业出版社·建筑与家居出版中心

责任编辑：纪　亮 \ 李　顺
出版咨询：（010）8322 5283

出版：中国林业出版社
（100009 北京西城区德内大街刘海胡同 7 号）
网址：www.cfph.com.cn
E-mail：cfphz@public.bta.net.cn
电话：（010）8322 3051
发行：新华书店
印刷：恒美印务（广州）有限公司
版次：2012 年 1 月第 1 版
印次：2012 年 1 月第 1 次
开本：240mm×300mm，1/8
印张：11.5
字数：150 千字
本册定价：180.00 元（全套定价：1288.00 元）

图书下载：凡购买本书，与我们联系均可免费获取本书的电子图书。
E-MAIL：chenghaipei@126.com　　QQ：179867195